王进修　主　编
李　彪　副主编

CorelDRAW X6
完全自学~本通

清华大学出版社
北　京

内 容 提 要

本书全面而又系统地介绍了CorelDRAW X6在平面设计中的各种基本理论和操作技法,具有内容丰富的实例,是一本讲解详尽的"完全手册",引导读者循序渐进地掌握该软件的各种处理技术。

本书分为3篇,共9章,第一篇是基础入门篇,包括第1章~第5章,讲解CorelDRAW X6基础知识、图形的绘制、直线和曲线的绘制与编辑、对象的操作与编辑、对象的填充与轮廓线的编辑等内容;第二篇是技能进阶篇,包括第6章~第8章,介绍对象的特殊效果、文本的编辑与排版、位图处理与位图滤镜特效等内容;第三篇是设计提高篇,包括第9章,讲解卡片设计、DM单设计、包装设计、插画设计、VI设计、服装设计等内容,让用户通过实战演练的方式进行案例实训,以提高用户的动手和学习能力。

本书实例丰富、实用,软件功能介绍与实际案例相结合,讲解精辟,图文并茂,效果精美,既适合初学者自学,也适合中高级用户、平面设计爱好者及专业人员学习和参考。

图书在版编目(CIP)数据

CorelDRAW X6完全自学一本通 / 王进修主编. —北京:清华大学出版社,2015

ISBN 978-7-302-38874-6

Ⅰ. ①C… Ⅱ. ①王… Ⅲ. ①图形软件 Ⅳ. ①TP391.41

中国版本图书馆CIP数据核字(2015)第004723号

责任编辑:黄　芝　王冰飞
封面设计:陈藕英
责任校对:李建庄
责任印制:王静怡

出版发行:清华大学出版社
　　　　网　　　址:http://www.tup.com.cn,http://www.wqbook.com
　　　　地　　　址:北京清华大学学研大厦A座　　　　邮　　编:100084
　　　　社　总　机:010-62770175　　　　　　　　　邮　　购:010-62786544
　　　　投稿与读者服务:010-62776969,c-service@tup.tsinghua.edu.cn
　　　　质量反馈:010-62772015,zhiliang@tup.tsinghua.edu.cn
　　　　课件下载:http://www.tup.com.cn,010-62795954
印　装　者:北京嘉实印刷有限公司
经　　销:全国新华书店
开　　本:185mm×260mm　　　印　张:17.25　　　字　数:432千字
版　　次:2015年7月第1版　　　印　次:2015年7月第1次印刷
印　　数:1～2000
定　　价:69.00元

产品编号:062536-01

前 言

关于本书

亲爱的读者，感谢您翻开本书。在茫茫的书海中，或许您曾经为寻找一本技术全面、案例丰富的 CorelDRAW X6 图书而苦恼，或许您因为担心自己是否能制作出书中的案例效果而犹豫，或许您为了买一本入门教程而仔细挑选，或许您正在为自己进步太慢而愁眉不展……

现在我们就为您奉献一本优秀的 CorelDRAW X6 学习用书——CorelDRAW X6 完全自学一本通，它采用完全适合初学者自学的"教程＋案例"和"完全案例"两种编写形式，兼具技术手册和应用技巧参考手册的特点。同时本书配套素材包含书中所有案例的源文件和素材文件，可以从清华大学出版社网站（www.tup.tsinghua.edu.cn）下载。希望本书能够帮助您解决学习中的难题，提高技术水平，快速成为 CorelDRAW 高手。

特色打造

- 自学教程：书中设计了大量案例，由浅入深、从易到难，可以让读者在实战中循序渐进地学习到相应的软件知识和操作技巧，同时力求以多种形式帮助读者理解各个知识点，掌握相应的行业应用知识。本书在传授知识的同时还注重培养读者自觉学习的习惯，书中安排有"拓展应用"和"边学边练"版块，力求为读者全力打造良好的学习环境。

- 应用技巧参考手册：书中把许多大的案例化整为零，让读者在不知不觉中学习到专业应用案例的制作方法和流程，书中还设计了许多技巧提示，恰到好处地对读者进行点拨，到了一定程度后，读者就可以自己动手、自由发挥，制作出相应的专业案例效果。

本书内容

本书安排了 34 个经典范例，循序渐进地介绍中文版 CorelDRAW X6 的基本功能和制作专业作品的方法和技巧。本书共分为 3 篇，共 9 章，第一篇是基础入门篇，包括第 1 章～第 5 章，讲解 CorelDRAW X6 基础知识、图形的绘制、直线和曲线的绘制与编辑、对象的操作与编辑、对象的填充与轮廓线的编辑等内容；第二篇是技能进阶篇，包括第 6 章～第 8 章，介绍对象的特殊效果、文本的编辑与排版、位图处理与位图滤镜特效等内容；第三篇是设计提高篇，包括第 9 章，讲解卡片设计、DM 单设计、包装设计、插画设计、VI 设计、服装设计等内容。全书包括大量商业性质的广告实例及实物绘画技巧，只要读者能够耐心地按照书中的步骤完成每一个实例，绝对能提高 CorelDRAW X6 的实战技能，并且能提高自己的艺术审美能力和设计水平，从而快速步入设计师行列。

本书由王进修主编，在编写及出版的过程中，得到了李彪、杨路平、尹新梅、王政、杨仁毅、李勇、胥桂蓉、邓建功、唐蓉、何耀、陈冲、邓春华、王海鸥、黄刚等人的大力帮助和支持，在此表示感谢。由于编者水平有限，书中难免有错误和疏漏之处，恳请广大读者批评、指正。

编者

2015 年 5 月

目录

第1章

CorelDRAW X6 基础知识

1.1 CorelDRAW X6 的启动与退出 ················· 2
  1.1.1 启动 CorelDRAW X6 ················· 2
  1.1.2 退出 CorelDRAW X6 ················· 3
1.2 CorelDRAW X6 的工作界面 ················· 3
  1.2.1 标题栏 ················· 3
  1.2.2 菜单栏 ················· 4
  1.2.3 标准栏 ················· 4
  1.2.4 属性栏 ················· 4
  1.2.5 工具箱 ················· 4
  1.2.6 绘图页面 ················· 5
  1.2.7 页面控制栏 ················· 5
  1.2.8 标尺 ················· 5
  1.2.9 调色板 ················· 6
  1.2.10 视图导航器 ················· 6
  1.2.11 状态栏 ················· 6
  1.2.12 泊坞窗 ················· 7
1.3 图形设计中的基本概念 ················· 7
  1.3.1 矢量图与位图 ················· 7
  1.3.2 常用文件格式 ················· 8
  1.3.3 常用色彩模式 ················· 9
1.4 管理图形文件 ················· 10
  1.4.1 新建文件 ················· 10
  1.4.2 保存文件 ················· 11
  1.4.3 打开文件 ················· 12

1.4.4 导入文件 ················· 13
1.4.5 导出文件 ················· 13
1.4.6 关闭文件 ················· 14
1.4.7 备份文件 ················· 15
1.4.8 恢复文件 ················· 16
1.5 页面设置与管理 ················· 16
  1.5.1 设置页面 ················· 16
  1.5.2 插入页面 ················· 18
  1.5.3 删除页面 ················· 18
  1.5.4 定位页面 ················· 19
1.6 绘图辅助设置 ················· 20
  1.6.1 设置辅助线 ················· 20
  1.6.2 设置网格 ················· 20
  1.6.3 设置对齐对象 ················· 21
1.7 视图控制 ················· 21
  1.7.1 设置缩放比例 ················· 21
  1.7.2 设置视图的显示模式 ················· 22
  1.7.3 设置预览显示方式 ················· 23
  1.7.4 切换图形窗口 ················· 24
1.8 打印文件 ················· 25
  1.8.1 以标准模式打印 ················· 25
  1.8.2 创建分色打印 ················· 25

第2章

图形的绘制

2.1 案例精讲——绘制漂亮壁画 ················· 28

2.2　绘制矩形 ·······························29
　　2.2.1　绘制矩形与正方形 ·········29
　　2.2.2　使用三点矩形工具 ·········30
　　2.2.3　绘制圆角矩形 ·············31
2.3　绘制圆形、饼形和弧形 ·········31
　　2.3.1　绘制椭圆与正圆形 ·········31
　　2.3.2　使用三点椭圆形工具 ·······33
　　2.3.3　绘制饼形与弧形 ···········33
2.4　案例精讲——绘制卡通形象 ·····34
2.5　绘制多边形和星形 ·············36
　　2.5.1　绘制多边形 ···············36
　　2.5.2　绘制星形 ·················37
　　2.5.3　绘制复杂星形 ·············38
2.6　绘制图纸 ·····················38
　　2.6.1　绘制网格图纸 ·············38
　　2.6.2　绘制正方形网格 ···········39
2.7　案例精讲——绘制棒棒糖 ·······40
2.8　绘制螺旋形和完美形状 ·········42
　　2.8.1　绘制螺旋形 ···············42
　　2.8.2　绘制完美形状 ·············42
2.9　绘制与编辑表格 ···············43
　　2.9.1　绘制表格 ·················43
　　2.9.2　合并和拆分单元格 ·········45
　　2.9.3　文本与表格的转换 ·········45
2.10　拓展应用——绘制绚烂图形 ·····46
2.11　边学边练——绘制凉鞋 ·········47

3.2.6　折线工具 ·······················57
3.2.7　B 样条工具 ·····················58
3.2.8　艺术笔工具 ·····················58
3.3　案例精讲——绘制树叶 ··········61
3.4　编辑曲线 ·······················62
　　3.4.1　节点的形式 ················62
　　3.4.2　选择和移动节点 ···········63
　　3.4.3　添加和删除节点 ···········64
　　3.4.4　连接和分割节点 ···········65
　　3.4.5　对齐多个节点 ·············65
　　3.4.6　改变节点属性 ·············66
　　3.4.7　直线与曲线互转 ···········66
3.5　拓展应用——漂亮小屋 ··········67
3.6　边学边练——绘制小兔 ··········68

第 4 章

对象的操作与编辑

4.1　对象的基本操作 ···············70
　　4.1.1　案例精讲——道路提示牌 ···70
　　4.1.2　选择对象 ·················71
　　4.1.3　移动对象 ·················74
　　4.1.4　复制对象及属性 ···········75
　　4.1.5　删除对象 ·················77
　　4.1.6　缩放对象 ·················77
　　4.1.7　旋转对象 ·················78
　　4.1.8　倾斜对象 ·················78
　　4.1.9　镜像对象 ·················79
　　4.1.10　自由变形对象 ············80
　　4.1.11　裁剪对象 ················80
　　4.1.12　切割对象 ················81
　　4.1.13　擦除对象 ················81
　　4.1.14　涂抹对象 ················82
　　4.1.15　使用"变换"泊坞窗变换对象 ······83
4.2　排列与对齐对象 ···············86
　　4.2.1　案例精讲——绘制卡通人物 ···86
　　4.2.2　排序对象 ·················90

第 3 章

直线和曲线的绘制与编辑

3.1　案例精讲——绘制图标 ··········49
3.2　直线和曲线的绘制 ·············51
　　3.2.1　手绘工具 ·················51
　　3.2.2　贝塞尔工具 ···············52
　　3.2.3　钢笔工具 ·················54
　　3.2.4　2 点线工具 ···············56
　　3.2.5　3 点曲线工具 ·············56

4.2.3 对齐对象 ·················· 92

4.2.4 分布对象 ·················· 93

4.3 群组、结合与锁定对象 ········· 94

4.3.1 案例精讲——绘制精美礼品盒 ····· 94

4.3.2 群组与取消群组对象 ········ 96

4.3.3 结合与拆分对象 ··········· 97

4.3.4 锁定与解锁对象 ··········· 97

4.4 修整对象 ···················· 98

4.4.1 案例精讲——绘制立体实心球 ··· 99

4.4.2 焊接对象 ················· 100

4.4.3 修剪对象 ················· 101

4.4.4 相交对象 ················· 101

4.4.5 简化对象 ················· 102

4.4.6 移除后面对象 ············· 102

4.4.7 移除前面对象 ············· 102

4.4.8 边界对象 ················· 103

4.5 精确剪裁图框 ················ 103

4.5.1 案例精讲——绘制手提袋 ····· 104

4.5.2 将图片放在容器中 ········· 106

4.5.3 编辑剪裁内容 ············· 106

4.5.4 复制剪裁内容 ············· 107

4.5.5 锁定剪裁内容 ············· 107

4.5.6 提取内置对象 ············· 108

4.6 拓展应用——绘制鼠标 ········ 108

4.7 边学边练——绘制巧克力盒 ···· 109

5.2.1 案例精讲——个性信纸 ········ 115

5.2.2 渐变填充 ················· 116

5.2.3 开放式填充 ··············· 119

5.2.4 图案填充 ················· 119

5.2.5 底纹填充 ················· 120

5.2.6 PostScript 填充 ·········· 121

5.2.7 交互式填充 ··············· 121

5.2.8 交互式网状填充 ··········· 122

5.2.9 智能填充图形 ············· 123

5.3 轮廓线的编辑 ················ 123

5.3.1 案例精讲——绘制五角星 ····· 123

5.3.2 轮廓工具的使用 ··········· 124

5.3.3 设置轮廓线的颜色 ········· 125

5.3.4 设置轮廓线的粗细及样式 ···· 127

5.3.5 设置轮廓线的拐角和末端形状 · 127

5.3.6 设置轮廓线的箭头样式 ······ 128

5.3.7 设置后台填充和比例缩放 ···· 129

5.3.8 清除轮廓属性 ············· 129

5.4 拓展应用——绘制建筑户型图 ··· 129

5.5 边学边练——绘制节能环保灯 ··· 130

第 5 章

对象的填充与轮廓线的编辑

5.1 标准填充颜色 ················ 111

5.1.1 案例精讲——标志设计 ······ 111

5.1.2 使用调色板填色 ··········· 112

5.1.3 使用自定义标准填色 ······· 113

5.1.4 使用"颜色"泊坞窗填色 ···· 114

5.1.5 使用滴管工具和油漆桶工具填充 ·· 114

5.1.6 取消填充图形 ············· 115

5.2 复杂填充对象 ················ 115

第 6 章

对象的特殊效果

6.1 案例精讲——绘制笔筒 ········ 132

6.2 调和效果 ···················· 133

6.2.1 创建调和效果 ············· 133

6.2.2 控制调和效果 ············· 136

6.2.3 复制调和效果 ············· 137

6.2.4 拆分调和效果 ············· 138

6.2.5 取消调和效果 ············· 138

6.3 轮廓图效果 ·················· 138

6.3.1 创建轮廓图效果 ··········· 139

6.3.2 设置轮廓图的填充和颜色 ···· 140

6.3.3 复制轮廓图效果 ··········· 141

6.3.4 拆分和清除轮廓图效果 ······ 141

6.4 变形效果 ···················· 142

6.4.1　创建变形效果 ·········· 142
6.4.2　清除变形效果 ·········· 144
6.5　阴影效果 ·········· **144**
6.5.1　创建阴影效果 ·········· 145
6.5.2　编辑阴影效果 ·········· 145
6.5.3　拆分和清除阴影效果 ·········· 147
6.6　案例精讲——绘制多彩图形 ·········· **147**
6.7　立体效果 ·········· **149**
6.7.1　创建立体效果 ·········· 149
6.7.2　设置立体效果 ·········· 149
6.8　封套效果 ·········· **151**
6.8.1　创建封套效果 ·········· 151
6.8.2　编辑封套效果 ·········· 152
6.9　透明效果 ·········· **153**
6.9.1　创建透明效果 ·········· 153
6.9.2　编辑透明效果 ·········· 153
6.10　案例精讲——绘制水晶球 ·········· **156**
6.11　透镜效果 ·········· **158**
6.11.1　创建透镜效果 ·········· 158
6.11.2　编辑透镜效果 ·········· 159
6.12　透视效果 ·········· **162**
6.13　拓展应用——网页图标 ·········· **163**
6.14　边学边练——食品标签 ·········· **163**

第 7 章

文本的编辑与排版

7.1　美术文本的创建与编辑 ·········· **165**
7.1.1　案例精讲——旅游网站设计 ·········· 165
7.1.2　美术文本的创建及属性栏 ·········· 168
7.1.3　插入特殊字符 ·········· 169
7.1.4　更改文字方向 ·········· 170
7.1.5　更改英文大小写 ·········· 170
7.2　段落文本的创建与编辑 ·········· **171**
7.2.1　案例精讲——DM 单设计 ·········· 171
7.2.2　段落文本的创建 ·········· 173
7.2.3　调整段落文本框架 ·········· 173

7.2.4　设置段落文本的分栏 ·········· 174
7.2.5　设置段落文本的项目符号 ·········· 174
7.2.6　段落文本的链接 ·········· 175
7.3　图文混排的创建与编辑 ·········· **177**
7.3.1　创建路径文本 ·········· 177
7.3.2　创建内置文本 ·········· 178
7.3.3　创建文本绕图 ·········· 179
7.4　拓展应用——制作 POP 广告 ·········· **180**
7.5　边学边练——水晶字 ·········· **181**

第 8 章

位图处理与位图滤镜特效

8.1　编辑位图 ·········· **183**
8.1.1　案例精讲——梦幻花边 ·········· 183
8.1.2　链接和嵌入位图 ·········· 185
8.1.3　将矢量图转换成位图 ·········· 186
8.1.4　将位图转换成矢量图 ·········· 187
8.1.5　编辑位图 ·········· 187
8.1.6　重新取样位图 ·········· 188
8.1.7　裁剪位图 ·········· 189
8.2　调整位图的色调 ·········· **189**
8.2.1　案例精讲——调亮图像 ·········· 190
8.2.2　颜色平衡 ·········· 191
8.2.3　亮度/对比度/强度 ·········· 191
8.2.4　色度/饱和度/光度 ·········· 192
8.2.5　替换颜色 ·········· 192
8.2.6　调合曲线 ·········· 193
8.2.7　通道混合器 ·········· 193
8.3　位图滤镜效果 ·········· **194**
8.3.1　案例精讲——暴风雪效果 ·········· 194
8.3.2　三维效果滤镜组 ·········· 195
8.3.3　艺术笔触滤镜组 ·········· 197
8.3.4　模糊滤镜组 ·········· 199
8.3.5　颜色转换滤镜组 ·········· 201
8.3.6　轮廓图滤镜组 ·········· 202
8.3.7　创造性滤镜组 ·········· 203

8.3.8　扭曲滤镜组 ……………………205

8.3.9　杂点滤镜组 ……………………207

8.3.10　鲜明化滤镜组 …………………209

8.4　拓展应用——制作马赛克效果 ………… 210

8.5　边学边练——制作特效照片 …………… 210

第9章

综合实训

9.1　卡片设计 ………………………………… 212

9.1.1　卡片设计基础知识 ………………212

9.1.2　工作证设计 ………………………213

9.1.3　贵宾卡设计 ………………………216

9.2　DM 单设计 ……………………………… 220

9.2.1　DM 单设计基础知识 ………………220

9.2.2　宣传单设计 ………………………223

9.2.3　宣传折页设计 ……………………228

9.3　包装设计 ………………………………… 231

9.3.1　包装设计基础知识 ………………232

9.3.2　茶叶包装设计 ……………………234

9.3.3　酒包装设计 ………………………239

9.4　插画设计 ………………………………… 241

9.4.1　插画设计基础知识 ………………242

9.4.2　风景插画设计 ……………………244

9.5　VI 设计 …………………………………… 246

9.5.1　VI 设计基础知识 …………………247

9.5.2　鼎翰文化公司 VI 设计——名片 ………249

9.5.3　鼎翰文化公司 VI 设计——信封 ………252

9.5.4　鼎翰文化公司 VI 设计——雨伞 ………254

9.5.5　鼎翰文化公司 VI 设计——指示牌 ………256

9.5.6　鼎翰文化公司 VI 设计——高立柱 ………259

9.6　服装设计 ………………………………… 261

9.6.1　服装设计基础知识 ………………261

9.6.2　时尚女装设计 ……………………263

9.7　举一反三 ………………………………… 265

第 1 章

CorelDRAW X6 基础知识

随着社会的不断发展、计算机技术在图形设计领域的深入应用，设计的概念也在逐渐变化，计算机图形设计的优势主导着设计的潮流，其中 CorelDRAW 是备受平面设计人员青睐的设计软件。CorelDRAW 是集图形、绘制、文字编辑、制作及图形高品质输入于一体的矢量图形软件，非常便于用户使用，无论是绘制简单的图形还是进行复杂的设计，它都会让用户感到得心应手。

1.1 CorelDRAW X6 的启动与退出

要启动 CorelDRAW X6，首先需要安装该软件，安装完毕后，在"程序"的级联菜单中系统将自动添加 CorelDRAW X6 程序。接下来具体向读者介绍启动与退出 CorelDRAW X6 的方法。

1.1.1 启动 CorelDRAW X6

要在 CorelDRAW X6 中编辑和处理图形，首先需要启动该程序。下面以在 Windows XP 中启动 CorelDRAW X6 为例介绍启动 CorelDRAW X6 的方法。

启动 CorelDRAW X6 的具体操作步骤如下：

图 1-1 执行相应命令

➡（1）安装好 CorelDRAW X6 软件后，执行"开始"→"程序" → CorelDRAW Graphics Suite X6 → CorelDRAW X6 命令，如图 1-1 所示。

➡（2）系统开始加载 CorelDRAW X6 应用程序，加载完毕后，进入"快速入门"界面，如图 1-2 所示。

图 1-2 "快速入门"界面

对"快速入门"界面中的各选项介绍如下：

● "新建空白文档"超链接：将建立一个空白的绘图区域。

● "最近用过的文档的预览"选项区：在界面的左侧会显示上一次工作过的文件，选择它打开这个文件，从上次退出的地方继续工作。

● "打开其他文档"按钮：单击该按钮，弹出"打开绘图"对话框，如图 1-3 所示，从中选择需要打开的文件。

● "从模板新建"超链接：单击该超链接，弹出"从模板新建"对话框，如图 1-4 所示，从中以选择样本打开新的绘图文件。利用模板，用户可以很快地建立统一样式的绘图，减少重复的制作过程。

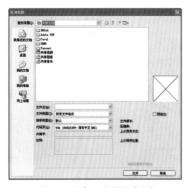

图 1-3 "打开绘图"对话框

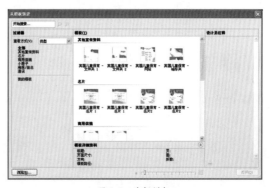

图 1-4 选择模板

"启动时始终显示欢迎屏幕"复选框：选中该复选框后，每一次启动 CorelDRAW 都会弹出"欢迎到 CorelDRAW X6"窗口；如果不选中，则表示下次启动 CorelDRAW 时跳过"欢迎到 CorelDRAW X6"窗口直接进入到工作界面窗口。另外，用户也可以单击窗口右上角的⊠按钮关闭此窗口，CorelDRAW 将会直接进入工作界面窗口，而不会进行其他操作。

> 除了上述启动 CorelDRAW X6 软件的方法外，还有以下两种常用的方法。
> 图标：双击桌面上的 CorelDRAW X6 快捷方式图标 。
> 文件：双击已经存在的任意一个 CDR 格式的 CorelDRAW 文件。

1.1.2　退出 CorelDRAW X6

当用户编辑好图像文件后，不再需要使用 CorelDRAW X6 软件时，可以退出该程序，以减少计算机磁盘占用空间。退出 CorelDRAW X6 有以下 3 种常用方法。

- 图标：在 CorelDRAW X6 界面窗口中单击右上角的"关闭"按钮⊠。
- 命令：执行"文件"→"退出"命令。
- 快捷键：按 Alt ＋ F4 键。

1.2　CorelDRAW X6 的工作界面

启动 CorelDRAW X6 后，在"快速入门"界面中单击"新建空白文档"超链接，即可进入工作界面，如图 1-5 所示，主要由标题栏、菜单栏、标准栏、属性栏、工具箱、绘图页面、页面控制栏、状态栏、标尺、调色板、视图导航器 11 个部分组成。

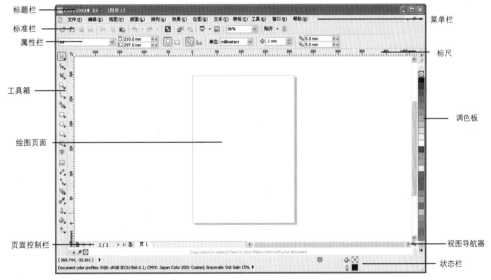

图 1-5　CorelDRAW X6 工作界面

1.2.1　标题栏

标题栏位于 CorelDRAW X6 的最顶部，显示当前运行程序名称和当前文件名。标题栏最左侧是软件的图标和名称，单击该图标将弹出下拉列表，如图 1-6 所示，用于移动、关闭、放大或者缩小窗口；标题栏右边的 3 个按钮分别是"最小化"按钮█、"最大化"按钮█和"关闭"按钮█，用于控制文件窗口的显示大小。

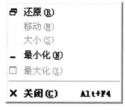

图 1-6　弹出的下拉列表

1.2.2　菜单栏

默认情况下，菜单栏位于标题栏的下方，由"文件"、"编辑"、"视图"、"版面"、"排列"、"效果"、"位图"、"文本"、"表格"、"工具"、"窗口"和"帮助"12 个菜单项组成，单击任意一个菜单项都会弹出其包含的命令，CorelDRAW X6 中的绝大部分功能都可以利用菜单栏中的命令来实现。

当光标指向主菜单的某项后，该标题变亮，即可选中此项，并显示相应的下拉菜单。如果菜单项右边有"…"符号，执行此项后将弹出与之有关的对话框；如果菜单项右边有▶按钮，表示还有下一级子菜单。

　对于当前不可操作的菜单命令，在菜单上将以灰色显示，表示无法进行选取。对于包含子菜单的菜单项，如果不可用，则不会弹出子菜单。

1.2.3　标准栏

默认情况下，标准栏位于菜单栏的下方，它是将菜单中的一些常用命令选项按钮化，以便于用户快捷地进行操作。通过标准栏的操作，可以大大简化操作步骤，从而提高工作效率，如图 1-7 所示。

图 1-7　标准栏

1.2.4　属性栏

默认情况下，属性栏位于标准栏的下方。属性栏提供了控制对象属性的选项，其内容根据所选择的工具或对象的不同而变化，用户可以方便地设置工具或对象的各项属性，如图 1-8 所示。

| x: 24.043 mm | ↔ 178.85 mm | 100.0 % | | | | | .0 mm | | .0 mm | | | △ .2 mm | | |
| y: 210.827 mm | ⬍ 72.489 mm | 100.0 % | ⟳ .0 | ° | | | .0 mm | | .0 mm | | | | | |

图 1-8　属性栏

1.2.5　工具箱

默认情况下，工具箱位于工作界面的最左侧，如图 1-9 所示。用户也可以根据自己的习惯将其拖曳至其他位置，工具箱包含了 CorelDRAW X6 中的常用绘图及编辑工具，并将功能相近的工具以展开的方式归类组合在一起，如果要选择某个工具，直接单击即可。

在工具箱中没有显示出全部的工具，很多工具按钮的右下角有一个小三角按钮◢，表示在该工具中还有与之相关的其他工具，按住工具按钮不放或在其上右击，即可弹出工具组（如图 1-10 所示），用户可从中选择所需的工具。

图 1-9　工具箱　　　　　　图 1-10　工具组

1.2.6　绘图页面

默认情况下，绘图页面位于操作界面的中心，有一个带阴影的矩形。用户可根据实际的尺寸需要对绘图页面的大小进行调整，可根据纸张大小设置页面大小，并且对象必须放在页面范围之内才能被打印出来。

1.2.7　页面控制栏

页面控制栏位于工作界面的左下方。在 CorelDRAW X6 中可以在一个文档中创建多个页面，并通过页面控制栏查看每个页面的情况。右击页面控制栏，会弹出如图 1-11 所示的快捷菜单，选择相应的命令即可增加或删除页面。

图 1-11　页面控制栏

1.2.8　标尺

默认情况下，标尺显示在工作界面的左侧和上部，它由水平标尺、垂直标尺和原点设置 3 个部分组成，如图 1-12 所示。用鼠标在标尺上单击，并在不释放鼠标按键的同时拖动鼠标到绘图工作区，即可拖出辅助线。标尺可以帮助用户确定图形的大小和精确的位置。

图 1-12　标尺

技巧点拨　　　执行"视图"→"标尺"命令，可以显示或隐藏标尺，当"标尺"命令前显示有勾选标记时，表示标尺呈显示状态，反之则被隐藏。如果用鼠标在标尺上单击，并在不释放鼠标按键的同时拖动鼠标到绘图工作区，即可拖出辅助线。

1.2.9 调色板

默认情况下，调色板位于工作界面的右侧，默认呈单列显示，如图 1-13 所示。使用调色板可以快速地为图形和文本对象选择轮廓色和填充色，默认的调色板是根据四色印刷 CMYK 模式的色彩比例设定的。

使用调色板时，在选取对象的前提下单击调色板上的颜色可以为对象填充颜色；右击调色板上的颜色可以为对象添加轮廓线颜色。如果在调色板中的某种颜色上单击并等待几秒钟，CoreIDRAW X6 将显示一组与该颜色相近的颜色，用户可以从中选择更多的颜色。

 在调色板上方的☒图标上单击，可以删除选取对象的填色，在调色板上方的☒图标上右击，可以删除选取对象的外轮廓。

执行"工具"→"调色板编辑器"命令，弹出"调色板编辑器"对话框，如图 1-14 所示。在该对话框中可以对调色板属性进行设置，包括修改默认色彩模式、编辑颜色、删除颜色、将颜色排列和重置调色板等。

图 1-13　调色板

图 1-14　"调色板编辑器"对话框

1.2.10 视图导航器

视图导航器位于垂直和水平滚动条的交点处，主要用于视频导航（特别适用于编辑放大后的图形）。按住放大镜图标🔍 不放，即可启动该功能，用户可以在弹出的含有文档的迷你窗口中随意移动、定位想要调整的区域，如图 1-15 所示。

图 1-15　视图导航器

1.2.11 状态栏

状态栏位于工作界面的底部，分为两个部分，主要提供绘图过程中的相应提示，帮助用户了解对象显示，以及熟悉各种功能的使用方法和操作技巧。状态栏的左侧显示鼠标光标所在屏幕位置的坐标，右侧显示所选对象的填充色、轮廓线颜色和宽度，并随着所选对象的填充和轮廓属性做动态变化，如图 1-16 所示。执行"窗口"→"工具栏"→"状态栏"命令，可以关闭状态栏。

(483.522, 219.305) ▶　　　　　　　　　　　　矩形于图层 1　　　　　　　　　　　　　　　　　　　　　　C:100 M:0 Y:100 K:0

Document color profiles: RGB: sRGB IEC61966-2.1; CMYK: Japan Color 2001 Coated; Grayscale: Dot Gain 15% ▶　　　　　　　　C:0 M:0 Y:0 K:100 .200 mm

图 1-16　状态栏

1.2.12　泊坞窗

泊坞窗是放置 CorelDRAW X6 中各种管理器和编辑命令的工作面板。执行"窗口"→"泊坞窗"命令，在弹出的下拉菜单中选择各种管理器和命令选项，即可将其激活并显示在页面上。图 1-17 为"对象管理器"泊坞窗。

图 1-17　"对象管理器"泊坞窗

1.3　图形设计中的基本概念

CorelDRAW X6 是一款矢量绘制软件，在认识 CorelDRAW X6 工作界面后，用户必须掌握图形绘制与设计中的一些重要的基本概念，如矢量图与位图、常用文件格式、常用色彩模式等相关知识。了解这些知识，将有助于用户以后对作品质量和水准的把握。

1.3.1　矢量图与位图

在计算机设计领域中，图形图像分为两种类型，即矢量图形和位图图像。这两种类型的图形图像有各自的特点。

1. 矢量图

矢量图形也称为向量式图形，是用数学的矢量方式来记录图像内容，以线条和色块为主。矢量图形的最大优点是分辨率独立，对象的线条非常光滑、流畅，可以很容易地进行放大、缩小和旋转等操作，并且无论怎么放大和缩小都不会使图形失真，在打印输出时会自动适应打印设备的最高分辨率。图 1-18 为一幅矢量图形和对其局部放大后的效果。

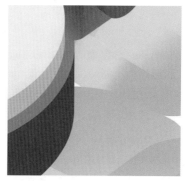

图 1-18　矢量图的原效果与放大后的效果

矢量图不易制作色调丰富或色彩变化太多的图形，而且绘制出来的图形无法像位图那样精确地描绘各种绚丽的景象。

2．位图

位图又称为点阵图和像素图，是由许多在网格内排列的点组成的，这些点称为像素（pixel）。当许多不同颜色的点（即像素）组合在一起后，便构成了一幅完整的图像。

位图可以记录每一点的数据信息，因而可以精确地制作出色彩和色调变化丰富的图像，可以逼真地表现自然界的图像，达到照片般的品质。但是，由于它所包含的图像像素数目是一定的，若将图像放大到一定的程度，图像就会失真，边缘就会出现锯齿，如图 1-19 所示。

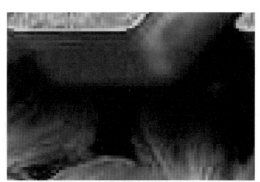

图 1-19　位图的原效果与放大后的效果

　在处理位图图像时，所编辑的是像素而不是对象或形状，它的大小和质量取决于图像中像素点的多少，每英寸中所含的像素越多，图像越清晰，颜色之间的混合也越平滑，所以图像越清晰，像素越多，相应的存储容量也越大。

1.3.2　常用文件格式

计算机中的图像以文件的形式存在，即图像文件。CorelDRAW X6 支持 JPEG、TIFF、GIF、BMP 等多种格式文件的打开、存储等操作。用户了解图形文件的格式之后，可以有效地对文件进行保存和管理。

1．JPEG 格式

JPEG 是一种压缩率很高的存储格式，但在压缩时可以控制压缩的范围、选择所需图像最终的质量。由于高倍率压缩的缘故，JPEG 格式的文件与原图像有着较大的差别，所以印刷时最好不要采用这种格式。JPEG 格式支持 CMYK、RGB、灰度等颜色模式，不支持 Alpha 通道。

2．PSD 格式

PSD 格式是 Photoshop 软件的默认格式，也是唯一支持所有图像模式的文件格式，可以保存图像中的图层、通道、辅助线和路径等。PSD 格式是 Photoshop 中新建的一种文件格式，它属于大型文件，除了具有 PSD 格式文件的所有属性外，最大的特点就是支持宽度和高度最大为 30 万像素的文件。

3．TIFF 格式

TIFF 格式用于在不同的应用程序和不同的计算机平台之间交换文件。TIFF 格式是一种通用的位图文件格式，几乎所有的绘画、图像编辑和页面版式应用程序都支持该文件格式。

TIFF 格式能够保存通道、图层、路径，虽然看起来它与 PSD 格式没有什么区别，但实际上如果在其他应用程序中打开该文件格式所保存的图像，则所有图层将被合并，因此只有使用 Photoshop 打开保存了图层的 TIFF 文件才能修改其中的图层。

4．AI 格式

AI 格式是一种矢量图形格式，在 Illustrator 中经常用到，它可以把 Photoshop 软件中的路径转化为 AI 格式，然后在 CorelDRAW、Illustrator 中打开，对其颜色和形状进行调整。

5．EPS 格式

EPS 格式是 Adobe 公司专门为矢量图设计的，主要用在 PostScript 打印机上输出图像，可以在各软件之间进行转换。EPS 格式支持所有的颜色模式，可以用于存储位图图像和矢量图形，它最大的优点是可以在排版软件中以低分辨率预览，而在打印时以高分辨率输出。

1.3.3　常用色彩模式

颜色能激发人的情感，并产生对比效果，使图像显得更加生动、美丽。色彩模式决定了图像的显示颜色数量，也影响图像的通道数和图像的文件大小。常用的色彩模式有 CMYK 模式、RGB 模式、灰度模式、位图模式及 Lab 模式等。

1．CMYK 模式

CMYK 颜色模式是工业印刷的标准模式，如果要打印输出 RGB 等其他颜色模式的彩色图像，必须先将其转换为 CMYK 模式。

CMYK 颜色模式的图像由 4 种颜色组成，即青（C）、洋红（M）、黄（Y）和黑（K），如图 1-20 所示，每一种颜色对应一个通道（即用来生成 4 色分离的原色）。由于 C、M、Y 3 种颜色混合将产生黑色，所以 CMYK 颜色模式也称为"减色"模式。但是混合后黑色并不是纯黑，为了产生纯黑色的印刷品颜色，将黑色加入其中，并且可以减少其他油墨的使用量。

2．RGB 模式

RGB 模式是 Photoshop 默认的颜色模式，是应用于计算机图形图像设计中最常用的色彩模式。它代表了可视光线的 3 种基本色元素，即红、绿、蓝，称为"光学三原色"，每一种颜色存在着 256 个等级的强度变化。当三原色重叠时，由不同的混色比例和强度会产生其他的间色，三原色相加会产生白色，如图 1-21 所示。

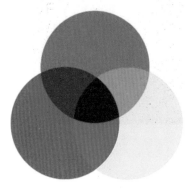

图 1-20　四色印刷

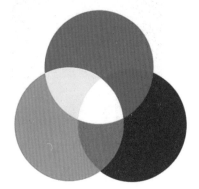

图 1-21　三原色

　专家提醒

　　RGB 模式在屏幕上色彩表现丰富，所有滤镜都可以使用，各软件之间文件兼容性高，但在印刷输出时，偏色情况较重。

3．灰度模式

灰度模式只存在灰度，它由 0 ～ 256 个灰阶组成。因为每个像素可以用 8 位或 16 位颜色来表示，所以色调表现力比较丰富。当一个彩色图像转换为灰度模式时，图像中与色相及饱和度等有关的色彩信息将被消除。当灰度值为 0（最小值）时，生成的颜色是黑色；当灰度值为 255（最大值）时，生成的颜色是白色，如图 1-22 所示。

原图   灰度模式

图 1-22   原图与灰度模式的对比效果

4．Lab 模式

Lab 模式是国际色彩标准模式，它能产生与各种设备匹配的颜色（如监视器、印刷机、扫描仪、打印机等的颜色），还可以作为中间色实现各种设备颜色之间的转换。

    Lab 模式在理论上包括了人眼可见的所有色彩，它能表现的色彩范围比任何色彩模式更加广泛。当 RGB 和 CMYK 两种模式互相转换时，最好先转换为 Lab 模式，这样可减少转换过程中颜色的损耗。

5．位图模式

位图模式也称为黑白模式，使用黑、白两色来描述图像中的像素（如图 1-23 所示），黑白之间没有灰度过渡色，该类图像占用的内存空间非常少。当一幅彩色图像要转换成黑白模式时，不能直接转换，必须先将图像转换成灰度模式。

原图   位图模式

图 1-23   原图与位图模式的对比效果

1.4   管理图形文件

学习管理图形文件，可以更好地帮助用户进行文件的编辑与管理，本节将具体向读者介绍新建、保存、打开、导入、导出、关闭、备份和恢复文件等基本操作。

1.4.1   新建文件

用户在 CorelDRAW X6 中进行图形和图像编辑前，首先需要新建图形文件，然后才能进行相应的操作。

新建文件的具体操作步骤如下：

➡（1）启动 CorelDRAW X6 应用程序，并进入"快速入门"界面，单击"新建空白文档"超链接，如图 1-24 所示。

⬇（2）弹出"创建新文档"对话框，如图 1-25 所示。

⬇（3）采用默认设置，单击"确定"按钮，即可新建一个空白图形文件，如图 1-26 所示。

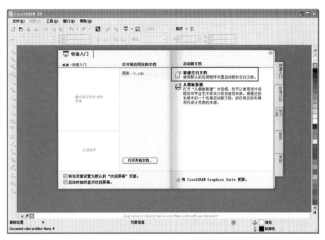

图 1-24 单击"新建空白文档"超链接

图 1-25 弹出"创建新文档"对话框

图 1-26 新建空白图形文件

技巧点拨

除了用以上方法新建文件外，还可以用以下 3 种方法。

● 命令：执行"文件"→"新建"命令。

● 按钮：单击"新建"按钮。

● 快捷键：按 Ctrl + N 键。

1.4.2 保存文件

在绘图过程中，为避免文件意外丢失，需要及时将编辑好的文件保存到磁盘中。在默认状态下，CorelDRAW X6 是以 CDR 格式保存文件的，用户可以运用 CorelDRAW X6 提供的高级保存选项选择其他的文件格式。

保存文件的具体操作步骤如下：

⬇（1）在当前绘图页面中编辑完成后执行"文件"→"保存"命令，如图 1-27 所示。

⬇（2）弹出"保存绘图"对话框，选择文件的保存路径，并输入文件名，如图 1-28 所示，单击"保存"按钮，即可保存文件。

当前编辑的文件只有在没有保存过的情况下才会弹出"保存绘图"对话框,若文件保存过,则不会弹出"保存绘图"对话框,而是直接进行保存。

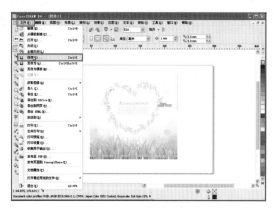

图 1-27　执行"保存"命令

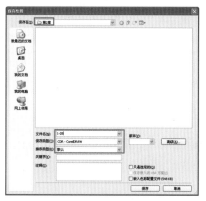

图 1-28　"保存绘图"对话框

1.4.3　打开文件

用户可以打开一个以前保存在磁盘中的图形或者文件,对其进行编辑或者修改。

打开文件的具体操作步骤如下:

（1）执行"文件"→"打开"命令,弹出"打开绘图"对话框,选择需要打开的图形文件,如图 1-29 所示。

（2）单击"打开"按钮,即可将选择的图形文件打开,如图 1-30 所示。

图 1-29　选择绘图文件

图 1-30　打开图形文件

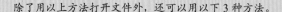

除了用以上方法打开文件外,还可以用以下 3 种方法。
● 按钮 1:单击标准栏中的"打开"按钮。
● 按钮 2:在"快速入门"界面中单击"打开其他文档"按钮。
● 快捷键:按 Ctrl＋O 键。

如果需要打开多个文件,在"打开绘图"对话框的列表框中按住 Shift 键的同时选择连续排列的多个文件,按住 Ctrl 键的同时选择不连续排列的多个文件。

1.4.4 导入文件

在 CorelDRAW X6 中可以将其他格式的文件导入工作区中，包括位图和文本文件等。

导入文件的具体操作步骤如下：

⬇ （1）执行"文件"→"导入"命令，如图 1-31 所示。

⬇ （2）弹出"导入"对话框，选择需要导入的素材图形，如图 1-32 所示。

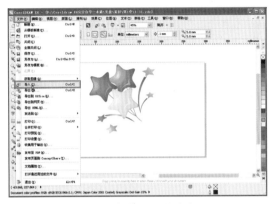

图 1-31 执行"导入"命令

图 1-32 "导入"对话框

⬇ （3）单击"导入"按钮，此时鼠标指针呈 90°的角，并提示用户进行下一步的操作，如图 1-33 所示。

⬇ （4）将鼠标指针移至绘图页面中的合适位置，然后单击，即可导入图形文件，如图 1-34 所示。

图 1-33 鼠标指针

图 1-34 导入文件

技巧点拨　除了用以上方法导入文件外，还可以用以下两种方法。

● 按钮：单击标准栏中的"导入"按钮。

● 快捷键：按 Ctrl ＋ I 键。

1.4.5 导出文件

在 CorelDRAW X6 中可以将打开的、绘制的或者导入的图像文件以多种图像文件格式导出。

导出文件的具体操作步骤如下：

（1）执行"文件"→"导出"命令，弹出"导出"对话框，在其中设置保存的位置、保存的文件名以及保存的类型，如图1-35所示。

（2）单击"导出"按钮，弹出"导出到JPEG"对话框，在其中设置相应的选项，如图1-36所示。

图1-35　"导出"对话框

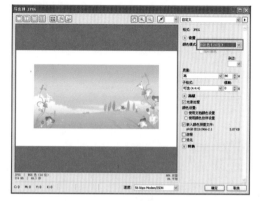

图1-36　"导出到JPEG"对话框

（3）单击"确定"按钮，即可导出文件，在相应的位置可以找到导出后的图像，如图1-37所示。

（4）在图像上双击，即可预览导出的图像，如图1-38所示。

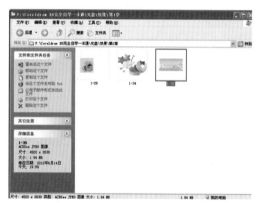

图1-37　导出的图像

图1-38　预览导出的图像

　除了用以上方法导出文件外，还可以用以下两种方法。

● 按钮：单击标准栏中的"导出"按钮▣。

● 快捷键：按Ctrl＋E键。

1.4.6　关闭文件

将图形保存好后，可以随时关闭当前打开的图形文件。

关闭文件有以下两种方法。

● 命令：执行"文件"→"关闭"命令。

● 按钮：单击文件窗口右侧的"关闭"按钮☒。

对于保存过的文件，执行"关闭"命令，可以直接将其关闭。若需要关闭的文件没有进行保存或保存后再次进行了编辑，则执行"文件"→"关闭"命令后会弹出信息提示框，提示用户是否保存对文件的更改，如图1-39所示。

图1-39 信息提示框

1.4.7 备份文件

CorelDRAW X6为用户提供了方便的自动备份文件功能，以避免系统发生错误时丢失文件，进行自动备份后，用户可以从备份文件中进行文件的恢复。用户在进行绘图时，系统每隔一定的时间会自动对当前的文件进行备份。

下面具体向用户介绍在CorelDRAW X6中设置自动备份的方法，具体操作步骤如下：

⬇ （1）执行"工具"→"选项"命令，弹出"选项"对话框，如图1-40所示。

⬇ （2）在左侧的列表中展开"工作区"结构树，然后在结构树中选择"保存"选项，单击"自动备份间隔"数值框右侧的下三角按钮，在弹出的列表框中选择"10"选项，如图1-41所示。

图1-40 "选项"对话框

图1-41 设置间隔时间

⬇ （3）选中"特定文件夹"单选按钮，单击"浏览"按钮，如图1-42所示。

⬇ （4）弹出"浏览文件夹"对话框（如图1-43所示），选择文件的备份路径，依次单击"确定"按钮，即可完成自动备份的设置。

图1-42 单击"浏览"按钮

图1-43 "浏览文件夹"对话框

1.4.8 恢复文件

用户在 CorelDRAW X6 中进行图形或图像编辑时，若程序非正常关闭，来不及保存文件，此时，用户可通过 CorelDRAW X6 的自动恢复功能从临时或指定的文件夹中恢复备份的文件。

1.5 页面设置与管理

页面设置与管理包括设置页面、插入页面、删除页面、定位页面等，下面分别进行介绍。

1.5.1 设置页面

在实际绘图工作中，所编辑的图形文件的输出应用尺寸可能会有变化，这时就需要进行自定义的设置。

1．设置页面大小

用户可以根据设计的需要方便地对页面的大小进行设置。

设置页面大小的具体操作步骤如下：

（1）打开需要设置页面大小的图形文件，在标准栏的"纸张宽度和高度"数值框中分别输入 240mm 和 397mm，如图 1-44 所示。

（2）按键盘上的 Enter 键进行确认，即可更改页面大小，如图 1-45 所示。

图 1-44　输入宽度和高度值

图 1-45　更改页面大小

除了用上述方法设置页面大小外，还可以用以下 4 种方法。

● 选项：在标准栏中，单击"纸张类型／大小"下拉列表框右侧的下三角按钮，在弹出的下拉列表框中选择合适的纸张类型，如图 1-46 所示，以更改页面的大小。

● 命令 1：执行"版面"→"页面设置"命令，弹出"选项"对话框，如图 1-47 所示。在其中的"大小"下拉列表框中设置相应的选项，或者在"宽度"和"高度"数值框中输入相应的数值。

图 1-46　下拉列表框　　　图 1-47　"选项"对话框

● 命令 2：执行"工具"→"选项"命令，同样可以弹出"选项"对话框。
● 鼠标：在工作区的页面阴影上双击，同样可以弹出"选项"对话框。

2．设置页面方向

在 CorelDRAW X6 中，页面方向分为纵向和横向，根据不同情况，用户可以选择不同的页面方向。

设置页面方向的具体操作步骤如下：

（1）执行"版面"→"切换页面方向"命令，如图 1-48 所示。

（2）更改页面的方向，如图 1-49 所示。

图 1-48 执行"切换页面方向"命令

图 1-49 更改页面方向

技巧点拨
除了用以上方法设置页面方向外，还可以用以下两种方法。
● 按钮：在标准栏中单击"纵向"按钮□或"横向"按钮□，即可切换页面的方向。
● 命令：执行"版面"→"页面设置"命令，弹出"选项"对话框，单击"纵向"按钮□或"横向"按钮□，然后单击"确定"按钮，即可切换页面的方向。

3．设置页面阴影

在默认状态下，页面背景是没有颜色的，若用户在进行图形设计时需要为页面背景指定颜色和图片，可以通过"选项"对话框中的设置为页面指定纯色或图案背景。

设置页面背景的具体操作步骤如下：

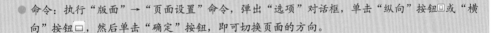

（1）执行"文件"→"新建"命令，新建一幅页面大小为 180×74 的空白文档；然后执行"版面"→"页面背景"命令，弹出"选项"对话框，选中"位图"单选按钮，单击按钮右侧的"浏览"按钮，如图 1-50 所示。

（2）弹出"导入"对话框，选择需要作为背景的位图图像，如图 1-51 所示。

图 1-50 "选项"对话框

图 1-51 "导入"对话框

（3）依次单击"导入"和"确定"按钮，即可完成页面背景的设置，如图 1-52 所示。

图 1-52　设置页面背景

1.5.2　插入页面

在编辑图形时，若当前的页面数不够，用户可自行添加页面。

插入页面的具体操作方法如下：

（1）在页面控制栏的"页 1"选项卡上右击，弹出快捷菜单，选择"在后面插入页"命令，如图 1-53 所示。

（2）在"页 1"选项卡后方插入一个名为"页 2"的新页面，如图 1-54 所示。

图 1-53　选择"在后面插入页"命令

图 1-54　插入新页面

 技巧点拨

除了用以上方法插入页面外，还可以用以下两种方法。
- 按钮：在页面控制栏上单击"添加页面"图标 。
- 命令：执行"版面"→"插入页面"命令。

1.5.3　删除页面

在 CorelDRAW X6 中可以删除不需要的页面。

删除页面的操作步骤如下：

（1）打开需要删除页的素材图形文件，将鼠标移至页面控制栏的"页 1"选项卡上，然后右击，弹出快捷菜单，选择"删除页面"命令，如图 1-55 所示。

（2）将当前页面窗口删除，如图 1-56 所示。

图 1-55 选择"删除页面"命令

图 1-56 删除页面

执行"版面"→"删除页面"命令，弹出"删除页面"对话框，选择需要删除的页面，单击"确定"按钮，也可以删除页面。

1.5.4 定位页面

在 CorelDRAW X6 中可以在多个页面间进行切换，如果文档中的页数太多，就可以定位页面，直接找到所需的页面。

定位页面的具体操作步骤如下：

（1）将鼠标指针移至页面控制栏上指向右侧的小三角按钮 ▶ 上，如图 1-57 所示。

（2）单击即可切换至"页 2"页面，如图 1-58 所示。

图 1-57 将鼠标指针移至小三角按钮上

图 1-58 切换页面

除了用以上方法定位页面外，还可以用以下两种方法。

● 命令：执行"版面"→"转到某页"命令，弹出"定位页面"对话框，在对话框中输入要转到的页面，比如转到第 2 页，如图 1-59 所示，单击"确定"按钮，即可定位到选定的页面。

图 1-59 "定位页面"对话框

● 选项卡：将鼠标指针移至页面控制栏上需要切换到的选项卡上单击，也可以切换到相应的页面。

1.6 绘图辅助设置

绘图辅助设置包括辅助线、动态辅助线、网格、对齐对象等，它们不做任何修改，只可以快速定位、排列对象，熟练地应用各辅助工具可以提高绘图的效率。

1.6.1 设置辅助线

标尺可以辅助设计者确定对象的大小或设定精确的位置。它由水平标尺、垂直标尺和原点设置 3 个部分组成。将光标置于标尺上，按住鼠标左键不放并向工作区拖曳，即可拖出辅助线。从水平标尺上可拖出水平辅助线，从垂直标尺上可拖出垂直辅助线，如图 1-60 所示。

双击辅助线，即可弹出如图 1-61 所示的"选项"对话框，在该对话框中可以设置辅助线的角度、位置、单位等属性，还可以在精确的坐标位置处添加或删除辅助线。

图 1-60 添加辅助线

图 1-61 "选项"对话框

如果在选中辅助线后，在辅助线上单击，辅助线两端会出现双箭头 ←→，如图 1-62 所示，拖动箭头至合适的位置并释放鼠标，即可对辅助线进行自由旋转，如图 1-63 所示，在属性栏中可以观察到旋转的角度。用户还可以选中辅助线的中心点，将它移到其他位置，改变辅助线旋转时中心点的位置。

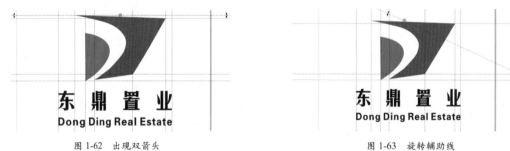

图 1-62 出现双箭头   图 1-63 旋转辅助线

1.6.2 设置网格

网格就是一系列交叉的虚线或点，用于辅助捕捉、排列对象。网格的功能和辅助线一样，适用于更严格的定位需求和更精细的制图标准，例如进行标志设计，网格尤其重要。用户可执行"视图"→"查看"→"网格"命令显示网格，如图 1-64 所示。

技巧点拨
如果不需要显示网格，再次执行"视图"→"查看"→"网格"命令即可。
执行"视图"→"设置"→"网格和标尺设置"命令，弹出"选项"对话框，在其中可以设置网格大小，如图 1-65 所示。

图 1-64 显示网格

图 1-65 "选项"对话框

1.6.3 设置对齐对象

使用 CorelDRAW X6 的对齐功能不仅可以对齐相应的对象，还可以对齐对象上的特殊点和结点。

设置对齐对象的具体操作步骤如下：

⬇（1）打开"选项"对话框，在左侧的列表框中展开"工作区"→"贴齐对象"结构树，然后在"贴齐对象"选项区中设置各选项，如图 1-66 所示。

⬇（2）单击"确定"按钮，即可在已经绘制的图形中显示位置标记，如图 1-67 所示。

图 1-66 设置贴齐对象选项

图 1-67 显示位置标记

1.7 视图控制

为了方便操作，用户可以通过改变视图的显示比例、显示模式、预览显示方式使操作更加方便、快捷，从而提高工作效率。

1.7.1 设置缩放比例

在 CorelDRAW X6 中进行操作时，经常需要对操作对象进行缩放和平移操作，以调整视图显示比例。CorelDRAW X6 默认的显示比例为 100%，但并不是实际纸张的大小。

1．缩放视图

利用工具箱中的缩放工具 🔍 及其属性栏可以改变视窗的显示比例。图 1-68 为缩放工具对应的属性栏，缩放工具属性栏上的工具按钮从左到右依次是"缩放级别"列表框、"放大"按钮、"缩小"按钮（或按 F3 键）、"缩放选定范围"按钮、"缩放全部对象"按钮（或按 F4 键）、"显示页面"按钮、"按页宽显示"按钮、"按页高显示"按钮。

图 1-68　缩放工具属性栏

缩放视图的具体操作步骤如下：

➡（1）选择工具箱中的缩放工具 ，将鼠标指针移至绘图页面中，鼠标指针呈带加号的放大镜形状，如图 1-69 所示。

➡（2）单击即可放大视图，如图 1-70 所示。

图 1-69　鼠标指针呈带加号的放大镜形状

图 1-70　放大视图

专家提醒

选择工具箱中的缩放工具后，按住 Shift 键的同时在绘图页面中单击，可缩小图形。

2．平移视图

平移视图可以使用户看到页面以外的内容，便于图形的查看。选择工具箱中的平移工具 ，将鼠标指针移至绘图页面中，鼠标指针呈手的形状，如图 1-71 所示，单击并拖曳，即可平移视图，如图 1-72 所示。

图 1-71　鼠标指针呈手的形状

图 1-72　平移后的效果

专家提醒

在按住 Alt 键的同时，按键盘上的 4 个方向键，也可自由移动绘图页面。

1.7.2　设置视图的显示模式

在"视图"菜单中可以选择不同的显示模式。显示模式的改变会影响图形及图像的显示外观、速度，以及图像在绘图窗口中显示的细节质量。

下面介绍一些比较常用的显示模式。

1．简单线框

"简单线框"视图模式只显示图形对象的轮廓，不显示绘图窗口中的填充、立体化、调和等效果（如图 1-73 所示）。另外，所有变形对象（渐变、立体化、轮廓效果）只显示原始图像的外框，位图全部显示为灰度图。

2．线框

"线框"视图模式只显示单色位图图像、立体透视图和调和形状等，不显示填充效果，如图 1-74 所示。

图 1-73　"简单线框"视图模式　　　　　　　　　　图 1-74　"线框"视图模式

3．草稿

"草稿"视图模式以低分辨率显示花纹填色、材质填色和 PostScript 图案填色等，均以一种基本图案显示，滤镜效果以普通色块显示，渐变填色以单色显示，如图 1-75 所示。

4．正常

"正常"视图模式可以显示除 PostScript 以外的所有填充色，并以高分辨率显示位图图像。它是最常用的显示模式，既能保证图形显示质量，又不影响计算机显示和刷新图形的速度，如图 1-76 所示。

5．增强

"增强"视图模式可以显示最好的视图质量。该模式对设备性能的要求很高，也是能显示 PostScript 填充、高分辨率位图以及光滑处理的矢量图形的唯一视图，是一个显示速度慢但质量最好的视图，如图 1-77 所示。

图 1-75　"草稿"视图模式　　　　图 1-76　"正常"视图模式　　　　图 1-77　"增强"视图模式

1.7.3　设置预览显示方式

在 CorelDRAW X6 中，用户也可以选择合适的显示方式来查看绘图页面中的图形或图像文件。

1．全屏预览

选择全屏预览方式，可以将图形显示在整个屏幕上，这便于用户更好地把握图形整体效果。

执行"视图"→"全屏预览"命令，绘图页面中的图形即可全屏显示，如图 1-78 所示。

图 1-78　全屏显示

2．只预览选定的对象

CorelDRAW X6 的全屏预览除了可以显示所有对象外，还可以显示部分选中的对象。执行"视图"→"只预览选定的对象"命令后，在进行全屏预览时，屏幕就会只显示选中的对象。在绘图窗口中选择需要预览的图形对象，执行"视图"→"只预览选定的对象"命令，即可对选定的对象进行预览，如图 1-79 所示。

图 1-79　预览选定的对象

1.7.4　切换图形窗口

在绘制图形时，若同时打开了多个工作窗口，为了方便操作，经常要切换工作窗口来实现对图形的编辑。

切换图形窗口的具体操作步骤如下：

（1）执行"文件"→"打开"命令，同时打开 3 幅素材图像，如图 1-80 所示。

（2）执行"窗口"→"1-80（b）"命令，即可切换至 1-80（b）窗口，将其置为当前图形工作窗口，如图 1-81 所示。

（3）使用与上面同样的方法，执行"窗口"→"1-80（a）"命令，即可切换至 1-80（a）窗口，如图 1-82 所示。

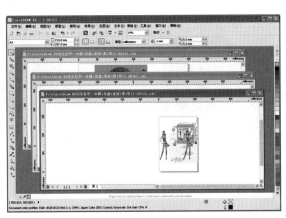

图 1-80　打开 3 幅素材图像

图 1-81　切换至 1-80（b）窗口

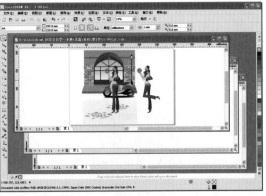

图 1-82　切换至 1-80（a）窗口

在 CorelDRAW X6 中，按键盘上的 Ctrl ＋ Tab 键，也可在各个窗口中进行切换。

1.8 打印文件

将设计好的作品打印或印刷出来后，整个设计制作过程才算彻底完成。通过对众多版面和印前分色选项进行设置，用户可以轻松地管理图形的输出，完成从计算机设计到打印输出的过程，从而使整个设计结果呈现在纸面上。

1.8.1 以标准模式打印

在打印文件前应根据打印需要对打印的参数进行设置，打印设置是对打印机的类型以及其他各种打印选项进行设置。

以标准模式打印文件的具体操作如下：

➡ （1）执行"文件"→"打印设置"命令，弹出"打印设置"对话框，如图 1-83 所示，其中显示了有关打印机的一些相关信息，如名称、类型、状态、位置以及备注。

➡ （2）单击该对话框中的"首选项"按钮，弹出"属性"对话框，如图 1-84 所示，在其中可以对打印的页序、方向、每张纸打印的页数进行设置。

图 1-83 "打印设置"对话框

➡ （3）切换至"高级"选项卡，如图 1-85 所示，在其中设置纸张规格、份数、打印质量等。

（4）设置好打印的相关参数后，单击对话框中的"确定"按钮即可开始打印。

图 1-84 "属性"对话框

图 1-85 "高级"选项卡

1.8.2 创建分色打印

创建分色打印的具体操作步骤如下：

⬇ （1）执行"文件"→"打印"命令或按 Ctrl ＋ P 键，弹出"打印"对话框，如图 1-86 所示。

⬇ （2）切换至"颜色"选项卡，选中"分色打印"复选框，如图 1-87 所示。

⬇ （3）切换至"分色"选项卡，设置"网频"为 300，并确保对话框下方列表框中的"青色"、"品红"、"黄色"和"黑色"复选框为选中状态，如图 1-88 所示。

⬇ （4）单击左下角的"打印预览"按钮，进入打印预览状态，可以看到预览窗口的下方出现了 4 个页面标签，图 1-89 所示为青色分色效果。

图 1-86　"打印"对话框

图 1-87　"颜色"选项卡

图 1-88　"分色"选项卡

图 1-89　青色分色效果

（5）图 1-90 所示为品红色分色效果。

（6）图 1-91 所示为黄色分色效果。

（7）图 1-92 所示为黑色分色效果。

图 1-90　洋红色分色效果

图 1-91　黄色分色效果

图 1-92　黑色分色效果

第 2 章
图形的绘制

作为专业的平面图形绘制软件，CorelDRAW X6 提供了多种绘制基本几何图形的工具，使用这些工具用户就可以轻松、快捷地绘制出矩形、椭圆形、多边形和螺纹形等几何图形。

2.1 案例精讲——绘制漂亮壁画

最终效果图

图 2-1 实例的最终效果

案例说明

本例将制作效果如图 2-1 所示的漂亮壁画，主要练习矩形工具、填充工具等基本工具的使用方法。

操作步骤：

（1）执行"文件"→"打开"命令，打开本书配套素材中的 2-2 素材，如图 2-2 所示。

（2）选择工具箱中的矩形工具 □，在绘图页面的合适位置单击并向右下角拖曳，如图 2-3 所示。

图 2-2 打开的素材　　　　图 2-3 拖曳鼠标

（3）拖曳至合适的位置后释放鼠标，即可绘制一个矩形，如图 2-4 所示。

（4）在页面右侧调色板中的黑色色块上单击，填充颜色为黑色，如图 2-5 所示。

图 2-4 绘制矩形　　　　图 2-5 填充颜色

（5）同样的方法，使用矩形工具绘制 3 个矩形，并填充颜色为黑色，如图 2-6 所示。

（6）执行"文件"→"导入"命令，导入本书配套素材中的 2-7 素材，得到本例效果，如图 2-7 所示。

图 2-6 绘制 3 个矩形　　　　图 2-7 本例最终效果

2.2 绘制矩形

使用矩形工具组中的矩形工具和三点矩形工具可以方便地绘制矩形，只是在操作方法上有些不同，下面分别进行介绍。

2.2.1 绘制矩形与正方形

使用矩形工具绘制矩形▢，即通过沿对角线拖曳鼠标的方式来绘制矩形和正方形。

1．绘制矩形

使用矩形工具绘制矩形的操作步骤如下：

操作步骤：

⬇（1）选择工具箱中的矩形工具▢，在绘图页面的合适位置单击并向右下角拖曳至合适的位置，释放鼠标，即可绘制一个矩形，如图 2-8 所示。

⬇（2）在页面右侧的调色板中设置矩形的填充颜色为白色、轮廓颜色为无，如图 2-9 所示。

⬇（3）同样的方法，使用矩形工具绘制另外一个矩形，并填充颜色为白色，去掉轮廓，效果如图 2-10 所示。

　图 2-8　绘制矩形　　　　　　图 2-9　设置矩形颜色　　　　　图 2-10　绘制白色矩形

用户可以通过矩形工具属性栏改变矩形的位置与大小等。在属性栏的"对象位置"数值框 中设置矩形的位置，在"对象大小"数值框 中设置矩形的大小，如图 2-11 所示。

图 2-11　矩形工具属性栏

图 2-12 为在矩形工具属性栏中设置对象位置和对象大小后的效果。

图 2-12　设置对象位置和对象大小后的效果

2．绘制正方形

使用矩形工具绘制正方形的操作步骤如下：

操作步骤：

（1）选择工具箱中的矩形工具▣，在绘图页面的合适位置单击，并在按住 Ctrl 键的同时向右下角拖曳至合适的位置，释放鼠标，绘制一个正方形，如图 2-13 所示。

（2）在页面右侧的调色板中设置矩形的填充颜色为青色、轮廓颜色为无，如图 2-14 所示。

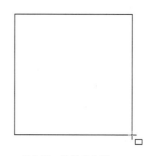

图 2-13　绘制正方形

图 2-14　设置矩形颜色

 用户也可以直接在矩形工具属性栏的"对象大小"数值框中设置相同的数值，同样能够得到正方形。

（3）执行"文件"→"导入"命令，导入本书配套素材中的 2-15 素材，效果如图 2-15 所示。

图 2-15　小心地滑标示

2.2.2　使用三点矩形工具

三点矩形工具▭是通过 3 个位置点来绘制矩形的工具，可以绘制任意角度的矩形，并且可以通过指定高度和宽度来绘制矩形。

使用三点矩形工具绘制矩形的具体操作步骤如下：

（1）选择工具箱中的三点矩形工具▭，在绘图页面的合适位置单击并向右下角拖曳，如图 2-16 所示。

（2）拖曳至合适的位置后释放鼠标，然后向右移动鼠标，如图 2-17 所示。

图 2-16　单击并拖曳鼠标

图 2-17　向右移动鼠标

（3）移至适当的位置后单击，即可完成矩形的绘制，如图 2-18 所示。

（4）在调色板中设置矩形的填充颜色为青色、轮廓颜色为无，如图 2-19 所示。

图 2-18　绘制矩形

图 2-19　设置矩形颜色

2.2.3 绘制圆角矩形

绘制圆角矩形的具体操作步骤如下:

操作步骤:

➡ (1) 执行"文件"→"打开"命令,打开本书配套素材中的 2-20 素材,如图 2-20 所示。

➡ (2) 选择工具箱中的矩形工具,绘制一个矩形,如图 2-21 所示。

➡ (3) 选择工具箱中的形状工具，选中矩形边角上的一个结点,单击并拖动,即可将矩形变成有弧度的圆角矩形,如图 2-22 所示。

➡ (4) 在调色板中设置矩形的填充颜色为青色、轮廓颜色为无,然后执行几次"排列"→"顺序"→"向后一层"命令,调整图层的顺序,效果如图 2-23 所示。

图 2-20 打开的素材   图 2-21 绘制矩形

图 2-22 将矩形变成有弧度的圆角矩形   图 2-23 设置圆角矩形颜色并调整图层顺序

用户也可以直接在矩形工具属性栏的"圆角半径"数值框中设置圆角半径数量,绘制圆角矩形。

通过单击矩形工具属性栏中不同的边角类型按钮和设置圆角半径数量,可以绘制对应类型和边角的矩形,如图 2-24 所示。

图 2-24 绘制不同边角类型的矩形

2.3 绘制圆形、饼形和弧形

使用椭圆形工具组中的椭圆形工具和三点椭圆形工具,可以非常方便地绘制椭圆形、正圆、饼形和弧形。

2.3.1 绘制椭圆与正圆形

使用椭圆形工具绘制椭圆和正圆,就是通过沿对角线拖曳鼠标来绘制椭圆形。

1．绘制椭圆

使用椭圆形工具绘制椭圆的具体操作步骤如下：

➡（1）选择工具箱中的椭圆形工具 ○，在绘图页面的合适位置单击并拖曳，如图 2-25 所示。

➡（2）拖曳至合适的位置后释放鼠标，即可绘制一个椭圆，如图 2-26 所示。

图 2-25　拖曳鼠标　　　　图 2-26　绘制椭圆

➡（3）在属性栏中设置椭圆的"轮廓宽度"为 0.5mm，在页面右侧的调色板上设置轮廓颜色为白色，如图 2-27 所示。

➡（4）同样的方法，绘制其他椭圆并设置相应的属性，如图 2-28 所示。

图 2-27　设置椭圆属性　　　　图 2-28　绘制其他椭圆

绘制椭圆时，同时按住 Shift 键，则可以绘制以起点为中心的椭圆。

对于图 2-29 所示的椭圆形工具属性栏，在"对象位置"数值框 中可以设置椭圆在工作区中的位置，在"对象大小"数值框 中可以设置椭圆的大小，在"轮廓宽度"数值框 中可以设置椭圆的轮廓大小。

图 2-29　椭圆形工具属性栏

2．绘制正圆

使用椭圆形工具绘制正圆的具体操作步骤如下：

➡（1）选择工具箱中的椭圆形工具 ○，在按住 Ctrl 键的同时在绘图页面的合适位置单击并拖曳，如图 2-30 所示。

➡（2）拖曳至合适的位置后释放鼠标，即可绘制一个正圆，如图 2-31 所示。

图 2-30　拖曳鼠标　　　　图 2-31　绘制正圆

绘制椭圆时，在按住 Ctrl 键的同时拖曳鼠标，可以绘制正圆；按住 Ctrl ＋ Shift 键，可以绘制以起点为中心的正圆（完成绘制后要先释放鼠标左键，再释放 Ctrl 键和 Shift 键）。

（3）设置正圆的轮廓宽度为0.4mm、轮廓颜色为白色，如图2-32所示。

（4）同样的方法，绘制其他正圆并设置相应的属性，如图2-33所示。

图 2-32　设置正圆属性　　　图 2-33　绘制其他正圆

2.3.2　使用三点椭圆形工具

使用三点椭圆形工具以随意绘制椭圆形。

使用三点椭圆形工具绘制椭圆的具体操作步骤如下：

（1）选择工具箱中的三点椭圆形工具，在绘图页面的合适位置单击并向右下角拖曳，如图2-34所示。

（2）拖曳至合适的位置后释放鼠标，然后向右下角移动鼠标，如图2-35所示。

图 2-34　单击并拖曳鼠标　　　图 2-35　移动鼠标

（3）移至适当的位置后单击，即可绘制一个椭圆形，如图2-36所示。

（4）在调色板中设置椭圆的填充颜色为白色、轮廓颜色为无，如图2-37所示。

图 2-36　绘制椭圆形　　　图 2-37　设置椭圆的颜色

2.3.3　绘制饼形与弧形

绘制饼形和弧形的具体操作步骤如下：

（1）选择工具箱中的椭圆形工具，结合 Ctrl 键，绘制一个正圆，如图2-38所示。

（2）在属性栏中单击"饼形"按钮，即可将刚绘制的正圆变成饼形，如图2-39所示。

图 2-38　绘制正圆　　　图 2-39　将刚绘制的正圆变成饼形

（3）在调色板中设置饼形的填充颜色为白色、轮廓颜色为灰色，在属性栏中设置"轮廓宽度"为2，如图 2-40 所示。

（4）在属性栏中单击"弧形"按钮，即可将刚绘制的饼形变成弧形，如图 2-41 所示。

图 2-40　填充饼形并设置轮廓宽度　　　　图 2-41　将饼形变成弧形

分别单击椭圆形工具属性栏中的"椭圆"按钮、"饼形"按钮、"弧形"按钮，可以绘制出圆形、饼形、弧形。属性栏中的"起始和结束角度"数值框在绘制饼形和弧形时默认的起始和结束角度分别为 0 和 270。绘制的饼形和弧形如图 2-42 所示。

图 2-42　设置后的图形效果

属性栏中的"顺时针和逆时针饼形和弧形"按钮，在选择绘制的饼形或弧形后单击，所绘制的饼形或弧形将变成与之互补的图形，如图 2-43 所示。

图 2-43　图形效果的前后对比

2.4　案例精讲——绘制卡通形象

最终效果图

♥ 案例说明

本例将制作效果如图 2-44 所示的卡通形象，主要练习椭圆形工具、贝塞尔工具、填充工具等基本工具的使用方法。

图 2-44　实例的最终效果

操作步骤：

　　(1) 选择工具箱中的椭圆形工具 ○，绘制一个椭圆，如图 2-45 所示。

　　(2) 按 Ctrl + Shift 键，弹出"均匀填充"对话框，设置颜色为红色（C：0；M：10；Y：70；K：0），效果如图 2-46 所示。

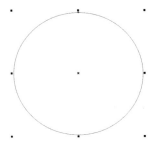
图 2-45　绘制椭圆

图 2-46　"均匀填充"对话框

　　(3) 单击"确定"按钮，填充颜色为红色，并在页面右侧的调色板中的"无"图标 ⊠ 上右击去掉轮廓，效果如图 2-47 所示。

　　(4) 同样的方法，使用椭圆形工具绘制多个椭圆，并填充相应的颜色，去掉轮廓，效果如图 2-48 所示。

图 2-47　填充颜色并去掉轮廓

图 2-48　绘制多个椭圆

　　(5) 选择工具箱中的选择工具 ▶，在大的白色椭圆上单击，选中大的白色椭圆，在属性栏中设置"旋转角度"为 20，按回车键确认，旋转选中的白色椭圆，效果如图 2-49 所示。

　　(6) 选择工具箱中的贝塞尔工具 ✎，绘制一个闭合图形（关于如何绘制闭合图形将在第 3 章中详细介绍），如图 2-50 所示。

图 2-49　旋转椭圆

图 2-50　绘制闭合图形

　　(7) 设置填充颜色为红色（C：16；M：100；Y：80；K：0），去掉轮廓，效果如图 2-51 所示。

　　(8) 同样的方法，绘制闭合图形，并填充颜色为浅红色（C：16；M：61；Y：8；K：0），去掉轮廓，效果如图2-52所示。

　　(9) 使用椭圆形工具绘制两个椭圆，分别填充颜色为红色（C：16；M：100；Y：80；K：0）和白色，去掉轮廓，效果如图 2-53 所示。

图 2-51　填充颜色

图 2-52　绘制闭合图形并填充

图 2-53　绘制两个椭圆

图 2-54　另一只眼睛效果

（10）同样的方法，绘制另一只眼睛，效果如图 2-54 所示。

（11）选择工具箱中的贝塞尔工具，绘制曲线，如图 2-55 所示。

（12）选择工具箱中的轮廓工具，弹出"轮廓笔"对话框，设置各选项如图 2-56 所示，其中颜色为浅洋红色（C: 0; M: 45; Y: 0; K: 0）。

图 2-55　绘制曲线

图 2-56　"轮廓笔"对话框

（13）单击"确定"按钮，更改轮廓属性，效果如图 2-57 所示。

（14）同样的方法，使用椭圆形工具、贝塞尔工具制作出卡通形象的嘴唇和身体，或者执行"文件"→"导入"命令，导入本书配套素材中的 2-58 素材，得到本例的效果，如图 2-58 所示。

图 2-57　更改轮廓属性

图 2-58　本例最终效果

用户可以在该案例的基本上更改填充颜色，制作出其他颜色的卡通形象，如图 2-59 所示。

图 2-59　其他颜色的卡通形象

2.5　绘制多边形和星形

在 CorelDRAW X6 中，使用工具箱中的多边形工具可以绘制多边形、星形等，还可以将多边形和星形修改成其他形状。

2.5.1　绘制多边形

使用工具箱中的多边形工具可以绘制任意边数的多边形。

使用多边形工具绘制多边形的具体操作步骤如下：

（1）选择工具箱中的多边形工具，在属性栏中设置多边形的边数为 5，将鼠标指针移至绘图页面的合适位置，在按住 Ctrl 键的同时单击并拖曳，如图 2-60 所示。

（2）拖曳至合适的位置后释放鼠标，即可完成多边形的绘制，如图 2-61 所示。

图 2-60　单击并拖曳鼠标

图 2-61　绘制多边形

 技巧点拨

在绘制多边形时，按住 Ctrl 键同时拖曳鼠标，可以绘制正多边形；按住 Shift 键同时拖曳鼠标，可以绘制以起点为中心的多边形；按住 Ctrl ＋ Shift 键，可以绘制以起点为中心的正多边形。

在属性栏的多边形端点数数值框 ☆5 中可以设置创建的星形的角数，可以直接输入数值，也可以单击文本框中的上下按钮进行设置。

（3）在调色板中设置多边形的填充颜色为白色、轮廓颜色为无，如图 2-62 所示。

（4）将绘制的多边形进行复制，并调整其旋转角度，效果如图 2-63 所示。

图 2-62　设置多边形的颜色

图 2-63　复制并调整多边形

2.5.2　绘制星形

使用多边形工具组中的星形工具 可以绘制星形，在默认情况下是五角星，用户通过属性栏可自行设置所需绘制星形的角数。

使用星形工具绘制星形的具体操作步骤如下：

（1）选择工具箱中的星形工具 ，按住 Ctrl 键的同时在绘图页面的合适位置单击并拖曳，如图 2-64 所示。

（2）拖曳至合适的位置后释放鼠标，即可绘制一个五角星，如图 2-65 所示。

（3）在调色板中设置五角星的填充颜色为白色、轮廓颜色为无，如图 2-66 所示。

图 2-64　单击并拖曳鼠标

图 2-65　绘制五角星

图 2-66　设置五角星的颜色

技巧点拨

绘制星形前，在属性栏中设置星形角数为50、"锐度"为99，可以绘制出富有个性的星形，如图2-67所示。

图 2-67　绘制个性星形

2.5.3　绘制复杂星形

复杂星形的绘制方法与星形、多边形基本相同。

使用复杂星形工具 ✿ 绘制复杂星形的具体操作步骤如下：

（1）选择工具箱中的复杂星形工具 ✿，在属性栏中设置星形角数为50、"锐度"为23，按住 Ctrl 键的同时在绘图页面的合适位置单击并拖曳，如图2-68 所示。

（2）拖曳至合适的位置后释放鼠标，即可绘制一个复杂星形，如图2-69 所示。

（3）在调色板中设置复杂星形的填充颜色为白色、轮廓颜色为无，如图2-70 所示。

图 2-68　单击并拖曳鼠标

图 2-69　绘制复杂星形

图 2-70　设置复杂星形的颜色

专家提醒

复杂星形工具属性栏中的"锐度"是指星形边角的锐角，设置不同的边数后，复杂星形的尖锐度各不相同。当复杂星形的端点低于 7 时，不能设置锐度。一般情况下，复杂星形的点数越多，对象的尖锐度越高。

2.6　绘制图纸

使用图纸工具可以绘制不同行数和列数的网格图形，主要用于绘制底纹、VI 设计。

2.6.1　绘制网格图纸

绘制网格图纸的具体操作步骤如下：

（1）选择工具箱中的图纸工具，在绘图页面的合适位置单击并拖曳，如图 2-71 所示。

（2）拖曳至合适的位置后释放鼠标，即可绘制一个 3 行 4 列的网格，如图 2-72 所示。

图 2-71　单击并拖曳鼠标

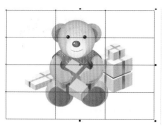

图 2-72　绘制网格

（3）在状态栏的"无"图标上双击，弹出"轮廓笔"对话框，在"颜色"下拉列表框中选择"橘红"色块，单击"宽度"数值框右侧的下三角按钮，在弹出的列表框中选择 2.0mm 选项，单击"确定"按钮，更改网格轮廓的属性，如图 2-73 所示。

（4）将网格图形置于人物图形的下方，如图 2-74 所示。

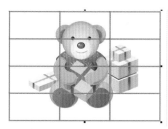

图 2-73　更改网格轮廓的属性

图 2-74　调整网格顺序

专家提醒

选择工具箱中的图纸工具后，属性栏中的设置如图 2-75 所示，用户可以在"图纸行和列数"数值框中输入数值，以改变图纸网格的行和列数。

图 2-75　图纸行和列的设置

2.6.2　绘制正方形网格

绘制正方形网格的方法是选择工具箱中的图纸工具，按住 Ctrl 键的同时在页面上单击并拖曳至合适的位置，释放鼠标，即可绘制一个正方形网格，如图 2-76 所示。

图 2-76　绘制正方形网格

正方形网格图形实际上是由若干个矩形组成的，执行"排列"→"取消组合"命令，可以将网格图形拆分为单个的矩形，如图 2-77 所示，使用选择工具可以选择任意矩形，如图 2-78 所示。

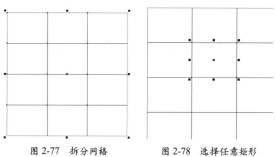

图 2-77　拆分网格　　　　　图 2-78　选择任意矩形

2.7 案例精讲——绘制棒棒糖

最终效果图

♥ 案例说明

本例将制作效果如图 2-79 所示的棒棒糖，主要练习矩形工具、贝塞尔工具、填充工具、交互式透明工具等基本工具的使用方法。

图 2-79 实例的最终效果

操作步骤：

（1）选择工具箱中的矩形工具□，在绘图页面的合适位置绘制一个"对象大小"为 8×123、"矩形的边角圆滑度"均为 1 的圆角矩形，如图 2-80 所示。

（2）按 Ctrl + Shift 键，弹出"均匀填充"对话框，设置颜色为浅土黄色（C：0；M：16；Y：47；K：0），单击"确定"按钮，填充颜色；在页面右侧的调色板中的"无"图标⊠上右击去掉轮廓，效果如图 2-81 所示。

（3）使用矩形工具绘制一个"对象大小"为 3×123、"矩形的边角圆滑度"均为 1 的圆角矩形，如图 2-82 所示。

图 2-80 绘制圆角矩形　　　　　图 2-81 填充颜色　　　　　图 2-82 绘制圆角矩形

（4）按 Ctrl + Shift 键，弹出"均匀填充"对话框，设置填充颜色为土黄色（C：0；M：19；Y：53；K：9），并去掉轮廓，效果如图 2-83 所示。

（5）选择工具箱中的贝塞尔工具，绘制一个心形，如图 2-84 所示。

⬇ （6）按 Ctrl + Shift 键，弹出"均匀填充"对话框，设置填充颜色为暗红色（C：0；M：90；Y：84；K：32），并去掉轮廓，效果如图 2-85 所示。

图 2-83　填充颜色

图 2-84　绘制心形

图 2-85　填充颜色

➡ （7）同样的方法，使用贝塞尔工具绘制一个心形，并填充颜色为红色（C：0；M：96；Y：97；K：0），去掉轮廓，效果如图 2-86 所示。

➡ （8）同样的方法，使用贝塞尔工具绘制一个螺纹图形，并填充颜色为白色（C：0；M：0；Y：0；K：0），去掉轮廓，效果如图 2-87 所示。

图 2-86　绘制心形

图 2-87　绘制螺纹图形

➡ （9）使用贝塞尔工具绘制一个图形，并填充颜色为暗土黄色（C：42；M：73；Y：100；K：4），去掉轮廓，效果如图 2-88 所示。

➡ （10）单击工具箱中的"交互式调和工具"按钮，在弹出的下拉工具组中选择"透明度"选项，在属性栏中设置"透明度类型"为"标准"，添加透明效果，如图 2-89 所示。

图 2-88　绘制图形

图 2-89　添加透明效果

➡ （11）同样的方法，绘制图形，设置填充颜色浅红色（C：0；M：55；Y：55；K：0），并添加标准透明效果，得到本例效果，如图 2-90 所示。

用户可以在该案例的基本上更改填充颜色，制作出其他颜色的棒棒糖，如图 2-91 所示。

图 2-90　本例最终效果

图 2-91　其他颜色的棒棒糖

2.8 绘制螺旋形和完美形状

使用 CorelDRAW X6 提供的螺纹工具可以直接绘制出螺旋形图形；基本形状工具组为用户提供了 5 组完美的形状样式，例如心形、箭头等，为用户提供了很多便利。

2.8.1 绘制螺旋形

使用螺纹工具 ◎ 可以绘制两种螺纹，即对称式螺纹和对数式螺纹。对称式螺纹曲线均匀扩展，回圈之间的距离相等；对数式螺旋曲线扩展时，回圈之间的距离不断增大。在默认情况下，使用螺纹工具绘制的是对称式螺旋曲线。

使用螺纹工具绘制螺纹的具体操作步骤如下：

➡ （1）选择工具箱中的螺纹工具 ◎，在属性栏的"螺纹回圈"数值框 ◎ 8 中输入 3，在绘图页面的合适位置单击并拖曳，如图 2-92 所示。

➡ （2）拖曳至合适的位置后释放鼠标，即可绘制一个螺纹，如图 2-93 所示。

图 2-92　单击并拖曳鼠标

图 2-93　绘制螺纹

➡ （3）在"轮廓笔"对话框中设置轮廓的"颜色"为"橘红"、"宽度"为 2.0mm，如图 2-94 所示。

➡ （4）单击"确定"按钮，完成螺纹的设置，如图 2-95 所示。

图 2-94　"轮廓笔"对话框

图 2-95　完成螺纹的设置

在绘制对数式螺纹时，可以在属性栏中设置所需螺纹圈数及螺纹扩展参数，如图 2-96 所示。螺纹扩展参数为 80 的效果如图 2-97 所示。

图 2-96　螺纹工具属性栏

设置螺纹扩展
参数数值

图 2-97　绘制对数螺纹

2.8.2 绘制完美形状

选择工具箱中的基本形状工具，在属性栏的"完美形状"面板中提供了绘制基本形状、箭头、流程图、标题和标注的预定义形状。

使用预设形状工具绘制完美形状的具体操作步骤如下：

➡（1）选择工具箱中的标注形状工具 ⏢，单击属性栏中的"完美形状"按钮 ⏢，在弹出的面板中选择第 2 排第 1 个标题形状样式，如图 2-98 所示。

➡（2）在绘图页面的适当位置单击并拖曳，如图 2-99 所示。

➡（3）拖曳至适当的位置后释放鼠标，即可绘制一个预设的标题形状，如图 2-100 所示。

➡（4）在调色板中设置标题形状的填充颜色为淡红色、轮廓颜色为无，如图 2-101 所示。

图 2-98 选择标题形状

图 2-99 单击并拖曳鼠标

图 2-100 绘制标题形状

图 2-101 设置形状颜色

除了基本形状外，CorelDRAW X6 还为用户提供了箭头形状、流程图形状、星形和标注形状。基本形状中有 15 种预设图形，用于快速建立一些图标形状；箭头形状中有 21 种预设图形，用于帮助用户快速地建立一些指示图形；流程图形状中有 23 种外形；标题形状中有 5 种外形。各个形状的面板如图 2-102 所示，绘制它们的方法和绘制基本形状的方法相同。

基本形状

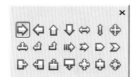

箭头形状

流程图形状

标题形状

图 2-102 各个形状的面板

2.9 绘制与编辑表格

在 CorelDRAW X6 中提供了直接绘制表格的功能，用户可以直接更改表格的属性和格式、合并和拆分单元格，可以轻松地创建出所需要的表格类型。

2.9.1 绘制表格

在绘图过程中可以通过插入表格在表格中编排文字和排列图像，使版面达到规整的效果。

➡（1）选择工具箱中的表格工具 ▦，将鼠标指针移至绘图页面的合适位置，在按住 Ctrl 键的同时单击并拖曳，如图 2-103 所示。

➡（2）拖曳至合适的位置后释放鼠标，即可完成表格的绘制，如图 2-104 所示。

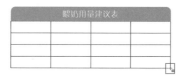

图 2-103 拖曳鼠标

图 2-104 绘制表格

在使用选择工具选择整个表格或部分单元格后，可以通过表格工具属性栏修改整个表格或部分单元格的属性格式，如图 2-105 所示。

图 2-105 表格工具属性栏

表格工具属性栏中主要选项的含义如下。

- "表格中的行数和列数"数值框：用于设置表格的行数和列数。
- "背景"下拉列表：用于设置表格的背景颜色，默认情况下，表格背景为无色。单击背景右侧的下拉按钮，在弹出的颜色选取器中选择所需要的颜色，即可填充表格的背景色，如图 2-106 所示。设置完毕后，单击"编辑填充"按钮，将弹出"均匀填充"对话框，如图 2-107 所示，在其中可以编辑和自定义所需要的表格背景色。

图 2-106 填充表格背景颜色

图 2-107 "均匀填充"对话框

选择整个表格后，在页面右侧的调色板中选择所需要的颜色单击，也可为表格设置相应的背景颜色。

- "轮廓宽度"下拉列表：用于修改表格边框的宽度。单击按钮，将弹出下拉列表，如图 2-108 所示，在其中可以选择需要修改的边框，当指定需要修改的边框后，所设置的边框属性只对指定的边框起作用。
- "边框颜色选取器"按钮：在弹出的颜色选取器中可以设置边框的颜色。
- "轮廓笔"按钮：单击将弹出"轮廓笔"对话框，如图 2-109 所示，在其中可以设置表格边框的轮廓属性。

图 2-108 指定所修改的表格边框

图 2-109 "轮廓笔"对话框

图 2-110 为修改表格外部边框颜色后的表格效果，图 2-111 为分别修改外部、内部、左侧和右侧边框属性后的表格效果。

图 2-110 修改表格外部边框属性后的效果

图 2-111 修改外部、内部、左侧和右侧边框属性后的效果

选择整个表格，在页面右侧的调色板中选择所需要的颜色，然后右击，也可为表格边框设置相应的颜色。

2.9.2　合并和拆分单元格

在绘制的表格中，用户可以通过合并相邻的多个单元格、行和列或者将一个单元格拆分为多个单元格的方式调整表格。

1．合并单元格

选择要合并的单元格，执行"表格"→"合并单元格"命令，即可合并单元格，如图 2-112 所示。

图 2-112　合并单元格

用于合并的单元格必须是在水平或垂直方向上呈矩形状，且要相邻。在合并表格单元格时，左上角的单元格将决定合并后的单元格格式。

2．拆分单元格

选择要拆分的单元格，执行"表格"→"拆分单元格"命令，即可拆分单元格，如图 2-113 所示。拆分后的每个单元格保持格式不变。

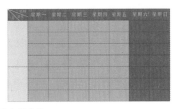

图 2-113　拆分单元格

2.9.3　文本与表格的转换

在 CorelDRAW X6 中，除了使用表格工具绘制表格外，还可以将选定的文本创建为表格。用户也可以将绘制好的表格转换为相应的段落文本框，然后在创建的段落文本框中进行文字的编排。

1．从文本创建表格

从文本创建表格的具体操作步骤如下：

➡（1）选择需要创建为表格的文本，如图 2-114 所示，然后执行"表格"→"将文本转换为表格"命令，弹出"将文本转换为表格"对话框，如图 2-115 所示。

图 2-114　选择需要创建为表格的文本　　图 2-115　"将文本转换为表格"对话框

"将文本转换为表格"对话框中的各选项含义如下。

● "逗号"单选按钮：选中该单选按钮后，在文本中的逗号处创建一个列，在段落标记显示处创建一个行。

● "制表位"单选按钮：选中该单选按钮后，将创建一个显示制表位的列和一个显示段落标记的行。

● "段落"单选按钮：选中该单选按钮后，将创建一个显示段落标记的列。

● "用户定义"单选按钮：选中该单选按钮后，在右侧的文本框中输入一个字符，在创建表格时，将创建一个显示指定标记的列和一个显示段落标记的行。若不输入字符，只会创建一列，而文本的每个段落将创建一个表格行。

(2) 单击"确定"按钮，即可将选中的文本转换为表格，如图 2-116 所示。

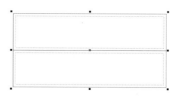

图 2-116　将选中的文本转换为表格

2．从表格创建文本

从表格创建文本的具体操作步骤如下：

(1) 选择需要创建为文本的表格，如图 2-117 所示，然后执行"表格"→"将表格转换为文本"命令，弹出"将表格转换为文本"对话框，设置各选项如图 2-118 所示，在文本框中输入"传递文化，引领时尚"。

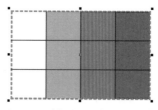

图 2-117　选择需要创建为文本的表格　　图 2-118　"将表格转换为文本"对话框

"将表格转换为文本"对话框中的各选项含义如下。

● "逗号"单选按钮：选中该单选按钮后，在创建表格时使用逗号替换每列，使用段落标记替换每行。

● "制表位"单选按钮：选中该单选按钮后，在创建表格时使用制表位替换每列，使用段落标记替换每行。

● "段落"单选按钮：选中该单选按钮后，在创建表格时使用段落标记替换每列。

● "用户定义"单选按钮：选中该单选按钮后，在右侧的文本框中输入字符，在创建表格时可使用指定的字符替换每列，使用段落标记替换每行。若不输入字符，则表格的每行都将被划分为段落，并且表格列将被忽略。

(2) 单击"确定"按钮，即可将选中的文本转换为表格，如图 2-119 所示。

(3) 移动鼠标指针到右侧中间的黑色控制柄上，单击并向右拖曳至合适的位置，调整段落文本框和文本的位置，效果如图 2-120 所示。

传递文化，引领时尚传递文化，引领时尚传递文化，引领时尚

传递文化，引领时尚传递文化，引领时尚传递文化，引领时尚传递文化，引领时尚传递文化，引领时尚传递文化，引领时尚传递文化，引领时尚传递文化，引领时尚传递文化，引领时尚传递文化，引领时尚

图 2-119　将选中的文本转换为表格　　图 2-120　调整段落文本框和文本的位置

2.10　拓展应用——绘制绚烂图形

练习绘制绚烂图形，最终效果如图 2-121 所示。本例首先利用矩形工具、"复制"命令、填充工具等制作绚烂图形的色块部分，然后利用椭圆形工具、星形工具制作绚烂图形的点缀部分。

制作绚烂图形的主要步骤如下：

图 2-121　绘制绚烂图形

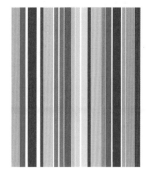 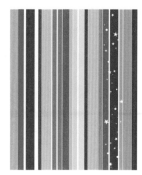

> （1）使用工具箱中的矩形工具、填充工具结合复制命令绘制不同大小的矩形，制作出绚烂图形的色块部分，如图 2-122 所示。

> （2）使用工具箱中的椭圆形工具、星形工具，并进行旋转操作，制作出绚烂图形的点缀部分，如图 2-123 所示。

图 2-122　绚烂图形的色块部分　　图 2-123　绚烂图形的点缀部分

2.11　边学边练——绘制凉鞋

使用贝塞尔工具、填充工具、交互式阴影工具等绘制出如图 2-124 所示的凉鞋图形。

图 2-124　绘制凉鞋

第3章

直线和曲线的绘制与编辑

线条是绘制一些造型设计的基础，熟练掌握直线、曲线的绘制方法是图形设计的基础。在 CorelDRAW X6 中有多种绘制直线和曲线的工具，本章主要向用户介绍使用绘图工具绘制直线、曲线的具体方法以及对线条的相应编辑。

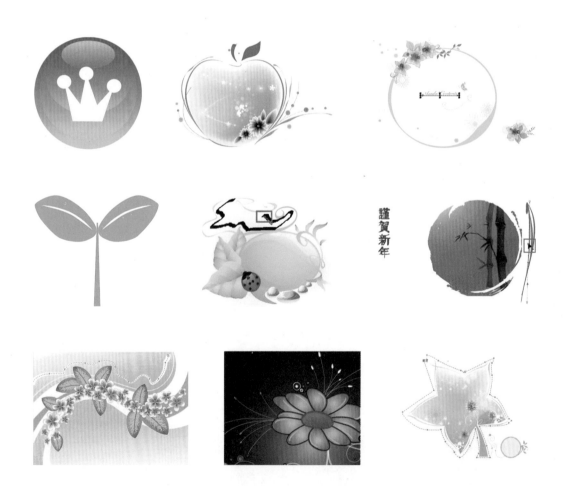

3.1 案例精讲——绘制图标

最终效果图

♥案例说明

　　本例将制作效果如图 3-1 所示的图标，主要练习椭圆形工具、渐变填充工具、贝塞尔工具等基本工具的使用方法。

图 3-1　实例的最终效果

操作步骤：

　　（1）选择工具箱中的椭圆形工具 ◯，按住 Ctrl 键的同时，在绘图页面的合适位置单击并拖曳，绘制一个"对象大小"均为 110 的正圆，如图 3-2 所示。

　　（2）展开工具箱中的填充工具组 ◈，选择渐变填充工具 ■，弹出"渐变填充"对话框，设置各选项，如图 3-3 所示。其中，"从"的颜色为蓝色（C：88；M：73；Y：0；K：0），"到"的颜色为青色（C：49；M：5；Y：0；K：0）。

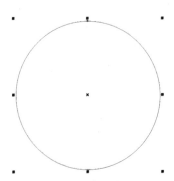

图 3-2　绘制正圆

图 3-3　"渐变填充"对话框

　　（3）单击"确定"按钮进行渐变填充，然后展开工具箱中的轮廓工具组 ◈，选择无轮廓工具 ✕，去掉轮廓，效果如图 3-4 所示。

　　（4）选择工具箱中的椭圆形工具 ◯，绘制一个"对象大小"为 88×86 的椭圆；然后选择渐变填充工具，填充线性渐变，其中，"角度"为 270、"边界"为 10、"从"的颜色为蓝色（C：80；M：64；Y：0；K：0）、"到"的颜色为青色（C：39；M：9；Y：0；K：0），并去掉轮廓，效果如图 3-5 所示。

图 3-4　渐变填充

图 3-5　绘制椭圆并渐变填充

（5）绘制一个"对象大小"为76×60的椭圆，填充渐变色，其中"角度"为270、"边界"为10、"从"的颜色为蓝色（C：85；M：67；Y：0；K：0）、"到"的颜色为浅青色（C：36；M：16；Y：0；K：0），并去掉轮廓，效果如图3-6所示。

（6）绘制一个"对象大小"为48.436×24.554的椭圆，填充渐变色，其中"角度"为270、"边界"为10、"从"的颜色为浅青色（C：36；M：16；Y：0；K：0）、"到"的颜色为青蓝色（C：62；M：46；Y：0；K：0），并去掉轮廓，效果如图3-7所示。

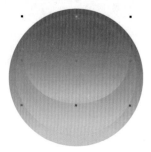 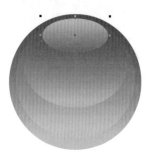

图3-6 绘制椭圆并进行渐变填充 　图3-7 绘制椭圆并进行渐变填充

（7）选择工具箱中的贝塞尔工具，将鼠标指针移至绘图页面中图形的合适位置，单击确定直线的第1个点，然后将鼠标指针移至图形的另一个位置，单击确定直线的第2个点，完成第一段直线的绘制，如图3-8所示。

（8）同样的方法，确定相应的点，绘制其他直线，然后将鼠标指针移至第1个点上单击，完成直线的绘制，如图3-9所示。

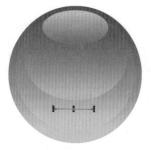 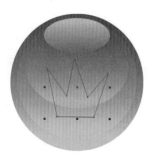

图3-8 绘制第一段直线 　图3-9 绘制其他的直线

（9）在页面右侧的调色板中的白色色块上单击，填充图形为白色，并去掉轮廓，效果如图3-10所示。

（10）使用椭圆形工具绘制3个白色椭圆，效果如图3-11所示。

图3-10 填充图形为白色 　图3-11 绘制3个椭圆

用户可以参照该案例的方法制作出不同颜色和图形的图标，如图3-12所示。

图3-12 其他效果的图标

3.2 直线和曲线的绘制

直线和曲线是组成图形最基础的元素,掌握它们的绘制技巧和方法是图形设计的基础。CorelDRAW X6 手绘工具组中包括手绘工具、贝塞尔工具、艺术笔工具、钢笔工具、折线工具、3 点曲线工具,运用这些工具可以绘制直线、曲线以及多段线等。

3.2.1 手绘工具

使用手绘工具可以绘制直线、曲线和封闭的图形等。使用手绘工具就像使用一支真正的铅笔,用户可以根据需要随意操作鼠标的轨迹绘制路径。

1.使用手绘工具绘制直线

使用手绘工具绘制直线的方法很简单,只需在绘图页面中确定一个起点和一个终点即可。

使用手绘工具绘制直线的具体操作步骤如下:

> ➡(1)选择工具箱中的手绘工具 ,将鼠标指针移至图形上方需要绘制直线的位置,单击确定直线的起点,如图 3-13 所示。
>
> ➡(2)将鼠标指针向上移动,在合适的位置单击,确定直线的终点,即可完成直线的绘制,如图 3-14 所示。

图 3-13 确定直线的起点

图 3-14 绘制直线

技巧点拨 在使用手绘工具绘制直线时,确定直线的起点后,在按住 Ctrl 键或者 Shift 键的同时移动鼠标,可强制直线以 15°的角度增量变化。

> ➡(3)在页面右侧的调色板中的白色色块上右击,更改轮廓颜色,效果如图 3-15 所示。
>
> ➡(4)用同样的方法绘制其他直线,并将轮廓颜色更改为白色,效果如图 3-16 所示。

图 3-15 更改轮廓颜色

图 3-16 绘制其他直线

2.使用手绘工具绘制曲线

绘制曲线的方法和绘制直线的方法不一样,当确定曲线的起点后,在不释放鼠标的情况下继续拖曳鼠标,沿着拖曳的路径即可创建一条曲线。

使用手绘工具绘制曲线的具体操作步骤如下:

（1）选择工具箱中的手绘工具 ，将鼠标指针移至绘图页面中需要绘制曲线的位置，单击并拖曳至合适的位置，释放鼠标，即可绘制一条曲线，如图 3-17 所示。

（2）在属性栏中设置"轮廓宽度"为 2，在页面右侧调色板中的 40% 灰色色块上右击，将曲线的颜色更改为灰色，如图 3-18 所示。

图 3-17　绘制一条曲线

图 3-18　更改曲线颜色

除使用手绘工具绘制直线或曲线外，还可以配合属性栏绘制出不同粗细、线形的直线、曲线、箭头符号，如图 3-19 所示。

图 3-19　手绘工具属性栏设置及其效果

3．使用手绘工具绘制封闭图形

绘制封闭图形的方法和绘制曲线的方法类似，只是绘制到最后需要回到绘制的起点位置，以闭合绘制的图形。

使用手绘工具绘制封闭图形的具体操作步骤如下：

（1）选择工具箱中的手绘工具 ，在绘图页面中单击并拖曳，如图 3-20 所示。

（2）继续拖曳鼠标至绘制曲线的起始位置，如图 3-21 所示。

图 3-20　拖曳鼠标

图 3-21　拖曳至起始位置

（3）释放鼠标，即可完成封闭图形的绘制，如图 3-22 所示。

（4）在页面右侧调色板中的洋红色块上右击，更改轮廓颜色，并设置"轮廓宽度"为 0.75，效果如图 3-23 所示。

图 3-22　绘制封闭图形

图 3-23　更改轮廓属性

3.2.2　贝塞尔工具

贝塞尔工具是创建路径图形最常用的工具之一，用于绘制平滑、精确的直线、曲线和闭合图形，可以控制曲线的弯曲度。

1．使用贝塞尔工具绘制直线

使用贝塞尔工具绘制直线的方法和使用手绘工具绘制直线的方法类似，不同的是使用贝塞尔工具可以连续绘制多条直线。

使用贝塞尔工具绘制直线的具体操作步骤如下：

（1）在工具箱中单击手绘工具右下角的小三角按钮，在展开的工具组中选择贝塞尔工具，将鼠标指针移至绘图页面中图形的合适位置，单击确定直线的第 1 个点，然后将鼠标指针移至图形的另一个位置，单击确定直线的第 2 个点，完成第一段直线的绘制，如图 3-24 所示。

（2）将鼠标指针移至另一个位置，单击完成第二段直线的绘制。同样的方法，确定第 4、5 个点，完成第三、四段直线的绘制，如图 3-25 所示。

（3）在页面右侧调色板中的绿色色块上右击，更改轮廓颜色，并设置"轮廓宽度"为 4，效果如图 3-26 所示。

图 3-24　绘制第一段直线　　　图 3-25　绘制其他直线　　　图 3-26　更改轮廓属性

2．使用贝塞尔工具绘制曲线

使用贝塞尔工具可以绘制平滑、精确的曲线，并且绘制完成后还可以通过调节结点调整曲线的形状。

使用贝塞尔工具绘制曲线的具体操作步骤如下：

（1）选择工具箱中的贝塞尔工具，将鼠标指针移至绘图页面的合适位置，单击确定曲线的起点，然后将鼠标指针移至另一个位置，单击并拖曳至合适的位置后释放鼠标，绘制一段曲线，如图 3-27 所示。

（2）将鼠标指针移至另一个位置，再次单击并拖曳，继续绘制曲线，如图 3-28 所示，至合适的位置后释放鼠标。

（3）同样的方法，继续绘制其他段的曲线，如图 3-29 所示。

（4）在属性栏中设置"轮廓宽度"为 4，并设置轮廓颜色为绿色，如图 3-30 所示。

图 3-27　绘制一段曲线　　　图 3-28　继续绘制曲线

图 3-29　绘制其他段的曲线　　　图 3-30　更改曲线的宽度和颜色

　技巧点拨　　使用贝塞尔工具绘制曲线时，在按住 Alt 键的同时移动鼠标，可以移动结点的位置；在按住 C 键的同时移动鼠标，可尖突一个控点的蓝色虚线调节杆，从而绘制出尖突形的曲线。

3．使用贝塞尔工具绘制封闭图形

使用贝塞尔工具绘制封闭图形的具体操作步骤如下：

➡（1）选择工具箱中的贝塞尔工具 ，将鼠标指针移至绘图页面的合适位置，单击确定封闭图形的起点，然后将鼠标指针移至另一个位置，单击并拖曳至合适的位置后释放鼠标，绘制一条曲线，如图 3-31 所示。

➡（2）将鼠标指针移至另一个位置，单击并拖曳，绘制另一段曲线，如图 3-32 所示。

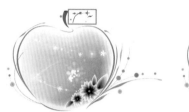

图 3-31　绘制曲线

图 3-32　绘制另一段曲线

➡（3）同样的方法，继续绘制其他曲线，最后将鼠标指针移至最初绘制的起点上单击，绘制一个封闭的图形，如图 3-33 所示。

➡（4）在调色板中设置填充颜色为红色、轮廓颜色为无，如图 3-34 所示。

图 3-33　绘制封闭图形

图 3-34　更改颜色和轮廓

3.2.3　钢笔工具

CorelDRAW 中的钢笔工具类似于 Photoshop 中的钢笔工具，可以绘制出许多复杂的曲线和图形，也可以对绘制的图形进行修改。

1．使用钢笔工具绘制直线

使用钢笔工具绘制直线的方法非常简单，只需要确定直线的两点，然后进行确认即可。

使用钢笔工具绘制直线的具体操作步骤如下：

➡（1）选择工具箱中的钢笔工具 ，在绘图页面的合适位置单击确定直线的起点，然后将鼠标指针水平向右移动，至合适的位置后单击确定直线的终点，再按键盘上的 Enter 键进行确认，如图 3-35 所示。

➡（2）在钢笔工具属性栏中设置"轮廓宽度"为 0.5mm，在调色板中设置轮廓颜色为绿色，如图 3-36 所示。

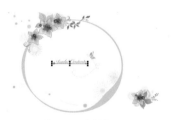

图 3-35　绘制直线

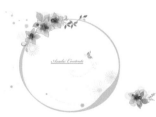

图 3-36　设置轮廓宽度与颜色

技巧点拨　　在使用钢工具绘制直线时，确定直线的起点后，在按住 Shift 键的同时移动鼠标，可强制直线以 15°的角度增量变化。

2．使用钢笔工具绘制曲线

使用钢笔工具绘制曲线的方法和使用贝塞尔工具绘制类似，也是通过调节结点和手柄达到绘制曲线的目的。不同的是，在使用钢笔工具的过程中，可以在确定下一个结点时预览曲线的当前状态。

使用钢笔工具绘制曲线的具体操作步骤如下：

➡（1）选择工具箱中的钢笔工具 ✍️，在绘图页面的合适位置单击确定曲线的起点，然后移动鼠标指针至另一个位置，单击并拖曳，绘制一段曲线，如图 3-37 所示。

➡（2）再次移动鼠标，在适当位置单击并拖曳，至合适的位置后释放鼠标，如图 3-38 所示。

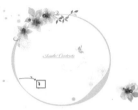
图 3-37　绘制一段曲线

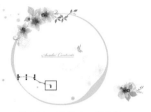
图 3-38　绘制另一段曲线

➡（3）同样的方法，移动鼠标指针至合适的位置单击并拖曳，绘制其他曲线段，然后按 Enter 键进行确认，即可完成曲线的绘制，如图 3-39 所示。

➡（4）在钢笔工具属性栏中设置"轮廓宽度"为 0.4mm，并在调色板中设置轮廓颜色为黄绿色，如图 3-40 所示。

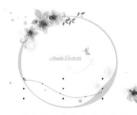
图 3-39　完成曲线的绘制

图 3-40　更改曲线的轮廓与颜色

技巧点拨　　使用钢笔工具绘制直线或曲线时，在最后的结点上双击或者按空格键也可以确认绘制的直线或曲线。

3．使用钢笔工具绘制封闭图形

使用钢笔工具绘制封闭图形和绘制曲线的方法类似，只是在绘制封闭图形最后需要回到最初的起点上，以构成封闭的图形。

使用钢笔工具绘制封闭图形的具体操作步骤如下：

➡（1）选择工具箱中的钢笔工具 ✍️，在绘图页面的合适位置单击确定图形的起点，然后将鼠标指针移至页面的另一个位置单击，创建图形的第 2 个结点，如图 3-41 所示。

➡（2）再次移动鼠标指针至其他位置单击，创建图形的第 3 个结点，如图 3-42 所示。

图 3-41　创建第 2 个结点

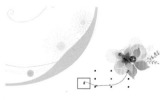
图 3-42　创建第 3 个结点

（3）同样的方法，创建其他结点，最后将鼠标指针移至最初创建的结点上，单击绘制一个封闭的图形，如图 3-43 所示。

（4）在调色板中设置图形的填充颜色为黄绿色、轮廓颜色为无，如图 3-44 所示。

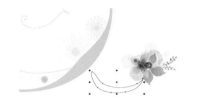

图 3-43　绘制封闭图形

图 3-44　设置图形填充

3.2.4　2 点线工具

使用 2 点线工具可以以多种方式绘制逐条相连或图形相连的连接线，组合成需要的图形，常用于绘制流程图或结构示意图。

使用 2 点线工具绘制结构示意图的具体操作步骤如下：

（1）选择水平工具箱中的 2 点线工具 ，在绘图页面的合适位置单击并垂直向下拖曳，绘制一条直线，如图 3-45 所示。

（2）在左侧结点上单击，并向下拖曳至合适的位置，然后释放鼠标，绘制一条垂直直线，如图 3-46 所示。

（3）同样的方法，绘制出其他直线，如图 3-47 所示。

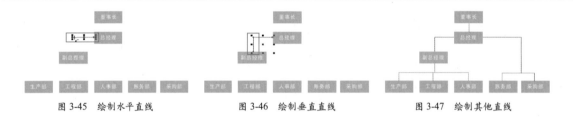

图 3-45　绘制水平直线　　　　　　　图 3-46　绘制垂直直线　　　　　　　图 3-47　绘制其他直线

3.2.5　3 点曲线工具

使用 3 点曲线工具可以很容易地绘制出各种曲线，它比手绘工具能更准确地确定曲线的曲度和方向。使用 3 点曲线工具绘制曲线的具体操作步骤如下：

（1）选择工具箱中的 3 点曲线工具，在绘图页面的合适位置单击并向左拖曳，如图 3-48 所示。

（2）确定两点之间的距离后，释放鼠标并向刚绘制线条的中间下方移动鼠标，如图 3-49 所示。

（3）移动到合适的位置后单击，即可绘制一条曲线，如图 3-50 所示。

（4）在属性栏中设置"轮廓宽度"为 0.25，在调色板中设置曲线的轮廓色为青色，如图 3-51 所示。

图 3-48　向左移动鼠标

图 3-49　向中间下方移动鼠标

图 3-50　绘制曲线

图 3-51　更改曲线轮廓色

3.2.6 折线工具

折线工具是一个很实用的自由路径绘制工具，可以很轻松地绘制直线、曲线。折线工具最大的特点就是在绘制过程中始终以实线预览显示，便于及时进行调整。

1 . 使用折线工具绘制折线

使用折线工具绘制折线的具体操作步骤如下：

（1）选择工具箱中的折线工具 ，在绘图页面的合适位置单击并拖曳，确认起始点，然后将鼠标指针向右下角移动，如图 3-52 所示。

（2）移动到合适的位置后单击，确定直线的第 2 个点，绘制一条直线，如图 3-53 所示。

（3）将鼠标指针向下移动，至合适的位置后单击，确定直线的第 3 个点，然后按键盘上的 Enter 键进行确认，即可绘制折线，如图 3-54 所示。

（4）在折线工具属性栏中设置"轮廓宽度"为 0.75mm，并在调色板中设置轮廓颜色为橙色，如图 3-55 所示。

图 3-52 拖曳鼠标　　图 3-53 完成直线的绘制　　图 3-54 绘制的折线　　图 3-55 设置轮廓属性

2 . 使用折线工具绘制曲线

使用折线工具绘制曲线的具体操作步骤如下：

（1）选择工具箱中的折线工具 ，在绘图页面的合适位置单击并拖曳，如图 3-56 所示。

（2）拖曳至合适的位置后双击，完成曲线的绘制，如图 3-57 所示。

图 3-56 拖曳鼠标　　　　　　图 3-57 完成曲线的绘制

（3）在调色板中设置曲线的轮廓颜色为白色，如图 3-58 所示。

（4）同样的方法，绘制其他曲线，如图 3-59 所示。

图 3-58 设置轮廓为白色　　　　图 3-59 绘制其他曲线

3.2.7 B 样条工具

使用 B 样条工具可以轻松地绘制出各种复杂的图形。B 样条工具最大的特点就是在绘制过程中始终以单击处的矩形框为结点，拖曳鼠标即可改变曲线的轨迹。

使用 B 样条工具绘制曲线的具体操作步骤如下：

➡ （1）选择工具箱中的 B 样条工具，在绘图页面的合适位置单击并拖曳，如图 3-60 所示。

➡ （2）拖曳至合适的位置后，单击并拖曳，绘制曲线，如图 3-61 所示。

图 3-60　拖曳鼠标

图 3-61　绘制曲线

➡ （3）同样的方法，拖曳绘制并单击，绘制其他曲线，然后双击，完成曲线的绘制，如图 3-62 所示。

➡ （4）在 B 样条工具属性栏中设置"轮廓宽度"为 0.75mm、轮廓样式为虚线，并在调色板中设置轮廓颜色为橙色，如图 3-63 所示。

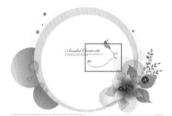

图 3-62　完成曲线的绘制

图 3-63　设置轮廓属性

专家提醒　　在使用 B 样条工具绘制曲线时，用户可以在按住 Shift 键的同时沿绘制路径向后移动鼠标，这样可擦除绘制错误的线条，释放 Shift 键，可继续进行绘制。

3.2.8 艺术笔工具

艺术笔工具具有固定的笔触、可变性宽度及多种笔形。艺术笔工具属性栏中提供了 5 种用于绘制的艺术笔模式，分别是"预设"、"笔刷"、"喷罐"、"书法"和"压力"模式，使用不同的模式可以绘制不同的笔触效果。

1．预设模式

选择艺术笔工具后，在属性栏中系统默认选择"预设"按钮，用户可在预设笔触列表框中看到系统提供的用来创建各种形状的粗笔触。

使用预设模式艺术笔的具体操作步骤如下：

➡ （1）选择工具箱中的艺术笔工具，在属性栏中系统默认选择"预设"按钮，设置各选项，如图 3-64 所示。

➡ （2）将鼠标指针移至绘图页面的合适位置，单击并拖曳至合适的位置后释放鼠标，即可绘制"预设"模式下的艺术笔形状，如图 3-65 所示。

图 3-64　拖曳鼠标

图 3-65　艺术笔形状

艺术笔工具属性栏中的预设模式的主要选项含义如下。

- "手绘平滑度"文本框 22 ：用于设置手绘笔触的平滑度，数值越大，笔触越平滑。
- "艺术笔工具宽度"数值框 2.0 mm ：用于设置笔触的宽度。
- "预设笔触列表"下拉列表框 ：用于选择系统提供的笔触样式。
- "随对象一起缩放笔触"按钮 ：单击该按钮后，将缩放绘制的笔触，笔触线条的宽度随缩放改变。

➡（3）在调色板中设置填充颜色为草黄色、轮廓颜色为无，如图3-66所示。

➡（4）同样的方法，使用艺术笔工具绘制其他的"预设"艺术笔形状，如图3-67所示。

图 3-66　设置填充颜色与轮廓颜色

图 3-67　绘制其他艺术笔形状

2．笔刷模式

单击艺术笔工具属性栏中的"笔刷"按钮 ，在笔触列表框中为用户提供了多种笔刷样式，如箭头、图案、笔刷等。

使用笔刷模式艺术笔的具体操作步骤如下：

➡（1）选择工具箱中的艺术笔工具 ，单击属性栏中的"笔刷"按钮 ，在笔触列表中选择合适的笔触样式，并设置各选项，如图3-68所示。

图 3-68　设置属性栏

艺术笔工具属性栏中的笔刷模式的主要选项含义如下。

- "类型"下拉列表框 Artistic ：用于选择需要使用的笔刷类型。
- "预设笔触列表"下拉列表框 ：用于选择系统提供的笔样式。

➡（2）将鼠标指针移至绘图页面的合适位置，单击并拖曳，如图3-69所示。

➡（3）拖曳至合适的位置后释放鼠标，即可绘制笔刷模式下的艺术笔形状，填充颜色为绿色，效果如图3-70所示。

图 3-69　拖曳鼠标

图 3-70　绘制的艺术笔形状

3．喷罐模式

单击艺术笔工具属性栏中的"喷罐"按钮 ，在喷涂列表框中提供了大量的喷涂列表文件，使用该模式下的艺术笔工具可以在所绘制路径的周围均匀地绘制喷罐中的图案，也可根据需要调整喷罐图案的尺寸大小及喷绘的方式。

使用喷罐模式艺术笔的具体操作步骤如下：

（1）选择工具箱中的艺术笔工具 ，单击工具属性栏中的"喷罐"按钮 ，在喷涂列表中选择烟花艺术笔样式，并设置各选项，如图3-71所示。

（2）将鼠标指针移至绘图页面的合适位置，单击并拖曳，如图3-72所示。

图 3-71　设置属性栏

图 3-72　拖曳鼠标

（3）拖曳至合适的位置后释放鼠标，即可绘制喷罐模式下的艺术笔形状，如图3-73所示。

（4）同样的方法，绘制喷罐模式下的艺术笔形状，如图3-74所示。

图 3-73　喷罐模式下的艺术笔形状 1

图 3-74　喷罐模式下的艺术笔形状 2

4．书法模式

使用书法模式的艺术笔工具在页面中绘制线条时，可以模拟书法笔触的效果。

使用书法模式艺术笔的具体操作步骤如下：

（1）选择工具箱中的艺术笔工具 ，单击工具属性栏中的"书法"按钮 ，并设置各选项，如图3-75所示。

图 3-75　设置属性栏

艺术笔工具属性栏中的书法模式的主要选项含义如下。

● "艺术笔工具宽度"数值框 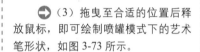：用于设置绘制的书法线条的宽度，线条的实际宽度由所绘制线条与角度之间的角度决定。

● "书法角度"数值框 ：用于设置所绘制的书法线条的倾斜角度。

（2）在绘图页面的合适位置单击并拖曳，如图3-76所示。

（3）拖曳至合适的位置后释放鼠标，即可绘制书法模式下的线条，如图3-77所示。

（4）在调色板中设置线条的填充颜色为黄绿色，如图3-78所示。

图 3-76　拖曳鼠标

图 3-77　绘制线条

图 3-78　设置填充颜色

5．压力模式

使用压力模式的艺术笔，需要结合使用压力笔或者按键盘上的上、下箭头键来绘制路径，笔触的粗细完全由用户握笔的压力大小和键盘上的反馈信息来决定。

使用压力模式艺术笔的具体操作步骤如下：

（1）选择工具箱中的艺术笔工具 ，单击工具属性栏中的"压力"按钮 ，将鼠标指针移至绘图页面中的合适位置，单击并拖曳，同时按键盘上的上、下键控制画笔压力，拖曳至合适的位置后释放鼠标，即可绘制压力模式下的线条，如图 3-79 所示。

（2）在调色板中设置线条的填充颜色为绿色、轮廓颜色为无，如图 3-80 所示。

图 3-79 绘制线条

图 3-80 填充线条颜色

3.3 案例精讲——绘制树叶

最终效果图

案例说明

本例将制作效果如图 3-81 所示的树叶，主要练习钢笔工具、"复制"命令、"粘贴"命令、水平镜像工具等的使用方法。

图 3-81 实例的最终效果

操作步骤：

（1）选择工具箱中的钢笔工具 ，在绘图页面的合适位置单击，确定图形的起点，然后将鼠标指针移至页面的另一个位置，单击创建图形的第 2 个结点，如图 3-82 所示。

（2）再次移动鼠标指针至其他位置，单击创建图形的第 3 个结点，如图 3-83 所示。

（3）同样的方法，创建其他结点，然后将鼠标指针移到最初创建的结点上单击，绘制一个封闭的图形，如图 3-84 所示。

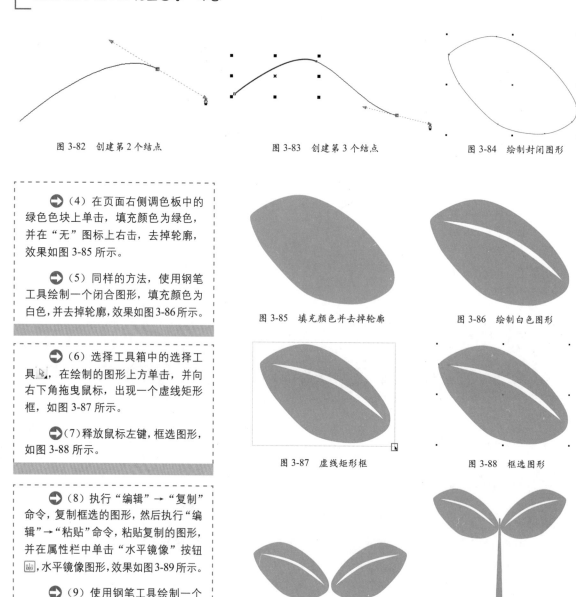

图 3-82　创建第 2 个结点　　　　　　图 3-83　创建第 3 个结点　　　　　　图 3-84　绘制封闭图形

　　➡（4）在页面右侧调色板中的绿色色块上单击，填充颜色为绿色，并在"无"图标上右击，去掉轮廓，效果如图 3-85 所示。

图 3-85　填充颜色并去掉轮廓

　　➡（5）同样的方法，使用钢笔工具绘制一个闭合图形，填充颜色为白色，并去掉轮廓，效果如图 3-86 所示。

图 3-86　绘制白色图形

　　➡（6）选择工具箱中的选择工具，在绘制的图形上方单击，并向右下角拖曳鼠标，出现一个虚线矩形框，如图 3-87 所示。

图 3-87　虚线矩形框

　　➡（7）释放鼠标左键，框选图形，如图 3-88 所示。

图 3-88　框选图形

　　➡（8）执行"编辑"→"复制"命令，复制框选的图形，然后执行"编辑"→"粘贴"命令，粘贴复制的图形，并在属性栏中单击"水平镜像"按钮，水平镜像图形，效果如图 3-89 所示。

图 3-89　水平镜像复制图形

　　➡（9）使用钢笔工具绘制一个闭合图形，填充颜色为绿色，并去掉轮廓，得到本例效果，如图 3-90 所示。

图 3-90　本案例的最终效果

3.4 ｜ 编辑曲线

　　通常情况下，在曲线绘制完成后还需要对它进行精确调整，包括结点的各种编辑，以及直线与曲线的互相转换，从而达到需要的造型效果。

3.4.1　结点的形式

　　在 CorelDRAW X6 中，曲线是最基础的编辑单位，也是最常使用的对象编辑方式。即便是绘制一些简单的图形，直接使用基本形状绘制也不易完成，这时就需要将这些基本形状转换为曲线，然后使用形状工具，结合属性栏和快捷菜单的使用，通过编辑曲线来完成最终的造型。

CorelDRAW X6 为用户提供了 3 种结点编辑形式,分别是尖突结点、平滑结点和对称结点,这 3 种结点可以相互转换,实现曲线的各种变化,如图 3-91 所示。

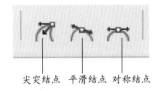

尖突结点　平滑结点　对称结点

图 3-91　3 种结点编辑形式

● 尖突结点:它两端的指向线是相互独立的,可以单独调节结点两边的线段的长度和弧度,如图 3-92 所示。

● 平滑结点:结点两端的指向线始终为同一直线,即改变其中一个指向线的方向时,另一个也会相应变化,但两个手柄的长度可以独立调节,相互之间没有影响,如图 3-93 所示。

● 对称结点:结点两端的指向线以结点为中心对称,改变其中一个的方向或长度时,另一个会产生同步、同向的变化,如图 3-94 所示。

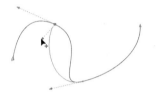  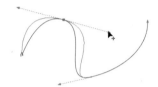

图 3-92　尖突结点　　　　图 3-93　平滑结点　　　　图 3-94　对称结点

3.4.2　选择和移动结点

在编辑对象结点之前必须先选择它们,可以选择单个、多个或所有对象的结点,然后进行移动,以改变结点的位置和图形的形状。

1．选择结点

在对绘图页面中的图形对象进行编辑前,首先要选择图形对象上的结点,这就需要用到形状工具。

选择结点的具体操作步骤如下:

➡（1）打开绘制好曲线的素材文件,使用工具箱中的选择工具,在曲线图形上单击,选中曲线图形,如图 3-95 所示。

➡（2）选择工具箱中的形状工具,在曲线最右侧的结点上单击,即可选择结点,如图 3-96 所示。

图 3-95　选择曲线图形　　　　图 3-96　选择结点

 专家提醒

选择曲线上的一个结点后,按住 Shift 键的同时,依次在其他结点上单击,可同时选择多个结点;按 Ctrl＋A 组合键或单击属性栏中的“选择全部结点”按钮,即可选择所有结点。

2．移动结点

若用户对图形中所绘制结点的位置不满意，可通过移动结点的方式改变结点的位置。

移动结点的具体操作步骤如下：

➡（1）选择工具箱中的形状工具，选中曲线图形中需要移动的结点，单击并向下拖曳，如图3-97所示。

➡（2）拖曳至合适的位置后释放鼠标，即可完成移动结点的操作，如图3-98所示。

图 3-97　拖曳结点

图 3-98　移动结点

 专家提醒　当选择曲线图形上的结点后，按键盘上的上、下、左、右方向键也可以移动结点的位置。

3.4.3　添加和删除结点

用户可以通过添加和删除结点，更好地对图形对象的形状进行编辑，从而得到更为精确的图形效果。

1．添加结点

如果用户想让绘制的图形更加精细、准确，可以添加结点后进行调整。

添加结点的具体操作步骤如下：

➡（1）选择工具箱中的形状工具，单击需要添加结点的对象，如图3-99所示。

➡（2）在需要添加结点的位置双击，即可在双击的位置添加一个结点，如图3-100所示。

图 3-99　单击对象

图 3-100　添加结点

 专家提醒　在需要添加结点的位置上单击，确认添加结点的位置，然后单击属性栏中的"添加结点"按钮，即可添加结点。

2．删除结点

如果用户将图形对象中多余的结点删除，可以使绘制图形的过渡更加平滑、自然。

删除结点的具体操作步骤如下：

➡（1）选择工具箱中的形状工具，选中曲线图形右侧的第2个结点，如图3-101所示。

➡（2）按键盘上的 Delete 键，即可将选择的结点删除，如图3-102所示。

图 3-101　选择结点

图 3-102　删除结点

选择需要删除的结点后，单击属性栏中的"删除结点"按钮，也可以将选择的结点删除。

3.4.4 连接和分割结点

对于同一曲线图形上的两个结点，可以将它们连接为一个结点，被连接的两个结点间的线段会闭合。同样，用户也可以将原本完整的图形进行分割，以达到所需要的设计效果。

1．连接结点

对于两个呈分开状态的结点，可以将它们连接起来，形成闭合的曲线。连接结点的具体操作步骤如下：

➡（1）选择工具箱中的形状工具，在需要连接结点的曲线图形上单击，如图 3-103 所示。

➡（2）单击属性栏中的"自动闭合曲线"按钮，即可将分开的结点连接，如图 3-104 所示。

图 3-103　单击曲线图形　　　　图 3-104　连接结点

2．分割结点

用户可以使闭合的曲线图形分割，只需在选择图形中某个结点的情况下单击属性栏中的"分割曲线"按钮即可。分割结点的具体操作步骤如下：

➡（1）选择工具箱中的形状工具，在曲线图形的合适位置双击，添加一个结点，如图 3-105 所示。

➡（2）单击属性栏中的"分割曲线"按钮，即可将曲线图形的结点分割，移动后效果如图 3-106 所示。

图 3-105　添加一个结点　　　　图 3-106　分割结点

3.4.5 对齐多个结点

用户可以将多个结点水平或垂直对齐。对齐多个结点的具体操作步骤如下：

➡（1）选择工具箱中的形状工具，按住 Shift 键的同时，在绘图页面中选择两个需要对齐的结点，如图 3-107 所示。

➡（2）单击属性栏中的"对齐结点"按钮，弹出"结点对齐"对话框，取消"垂直对齐"复选框的选择，并保留"水平对齐"复选框的选择，如图 3-108 所示。

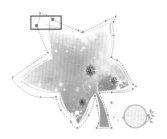

图 3-107　选择需要对齐的结点　　图 3-108　"结点对齐"对话框

➲ （3）单击"确定"按钮，即可将选择的两个结点水平对齐，如图 3-109 所示。

➲ （4）同样的方法，对齐曲线图形中的其他结点，如图 3-110 所示。

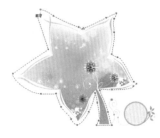 

图 3-109　水平对齐结点　　　　　图 3-110　对齐其他结点

3.4.6　改变结点属性

当选中某个结点后，可以将该结点在尖突结点、平滑结点和对称结点 3 种结点类型间相互转换。

改变结点属性的具体操作步骤如下：

➲ （1）使用形状工具选择曲线图形中的一个结点，如图 3-111 所示。

➲ （2）单击属性栏中的"使结点成为尖突"按钮，即可更改结点的属性，调整结点的位置，如图 3-112 所示。

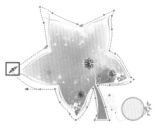 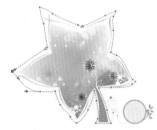

图 3-111　选择结点　　　　　　图 3-112　更改结点属性

3.4.7　直线与曲线互转

用户可非常方便、快捷地将绘制的直线转换为曲线，同时，也可以将曲线转换为直线。

1．将直线转换为曲线

将直线转换为曲线后，两个结点之间会显示控制柄，通过调整控制柄，直线就变成了曲线。

将直线转换为曲线的具体操作步骤如下：

➲ （1）选择工具箱中的形状工具 ，选中需要转换为曲线的直线上的中间结点，如图 3-113 所示。

➲ （2）单击属性栏中的"转换直线为曲线"按钮 ，将鼠标指针移至曲线的中间位置，单击并向右拖曳，即可将直线变成曲线，如图 3-114 所示。

 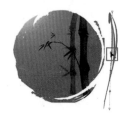 

图 3-113　在直线上单击　　　　　图 3-114　将直线变为曲线

2．将曲线转换为直线

在绘制图形的过程中，用户可以将绘制的曲线转换为直线，以达到需要的设计效果。

将曲线转换为直线的具体操作步骤如下：

⬇ （1）选择工具箱中的形状工具 ，在绘制的曲线上单击，如图 3-115 所示。

⬇ （2）单击属性栏中的"选择全部结点"按钮，然后单击"转换曲线为直线"按钮 ，将曲线转换为直线，如图 3-116 所示。

图 3-115 在曲线上单击

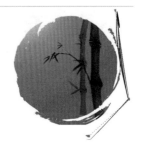

图 3-116 将曲线转换为直线

3.5 拓展应用——漂亮小屋

练习绘制漂亮小屋，最终效果如图 3-117 所示。本例首先利用椭圆形工具、交互式透明工具、贝塞尔工具、形状工具、矩形工具、渐变填充工具等制作漂亮小屋的屋体部分，然后利用贝塞尔工具、交互式透明工具等制作漂亮小屋的树、水滴部分。

图 3-117 漂亮小屋

制作漂亮小屋的主要步骤如下：

➜（1）使用工具箱中的椭圆形工具绘制一个椭圆，添加渐变色，并添加透明效果，制作出漂亮小屋的阴影，如图 3-118 所示。

➜（2）使用工具箱中的贝塞尔工具、形状工具、渐变填充工具制作出漂亮小屋的墙体部分，如图 3-119所示。

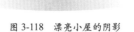

图 3-118 漂亮小屋的阴影

图 3-119 漂亮小屋的墙体部分

➜（3）使用贝塞尔工具、交互式透明工具制作出漂亮小屋的台阶、屋檐和门窗效果，如图 3-120 所示。

➜（4）使用贝塞尔工具、椭圆形工具、填充工具制作出树和水滴效果，如图 3-121 所示。

图 3-120 漂亮小屋的台阶、屋檐和门窗

图 3-121 树和水滴效果

3.6 边学边练——绘制小兔

使用钢笔工具编辑曲线，绘制出如图 3-122 所示的小兔图形。

图 3-122　小兔图形

第 4 章

对象的操作与编辑

在使用 CorelDRAW X6 进行绘图创作时，通常需要对绘制的对象进行反复的形状编辑和调整，如变换对象、排列与对齐对象、群组对象、修整和精确剪裁对象等，以获得满意的造型效果。通过本章的学习，读者可以熟练地掌握编辑图形形状、修饰图形、造型对象和精确剪裁对象的方法。

4.1 对象的基本操作

对象的基本操作包括选择对象、移动对象、复制对象、变换对象、镜像对象和擦除对象等，下面分别进行介绍。

4.1.1 案例精讲——道路提示牌

 案例说明

本例将制作效果如图 4-1 所示的道路提示牌，主要练习矩形工具、贝塞尔工具、箭头形状工具等基本工具的使用方法。

最终效果图

图 4-1 实例的最终效果

操作步骤:

（1）选择工具箱中的矩形工具，绘制一个"对象大小"为 113×293 的矩形，如图 4-2 所示。

（2）选择工具箱中的填充工具，弹出"均匀填充"对话框，设置颜色为紫色（C：77；M：100；Y：60；K：42），单击"确定"按钮，填充颜色，并右击页面右侧调色板中的"无"图标，去掉轮廓，效果如图4-3所示。

图 4-2 绘制矩形

图 4-3 填充颜色并去掉轮廓

（3）选择工具箱中的贝塞尔工具，绘制一个闭合图形，如图 4-4 所示。

（4）使用填充工具填充颜色为深紫色（C：84；M：100；Y：71；K：64），并去掉轮廓，效果如图4-5所示。

图 4-4 绘制闭合图形

图 4-5 填充图形

（5）同样的方法，使用贝塞尔工具绘制两个图形，分别填充颜色为土黄色（C：7；M：27；Y：55；K：0）和灰色（C：0；M：0；Y：0；K：20），并去掉轮廓，效果如图 4-6 所示。

（6）选择工具箱中的箭头形状工具，在页面中的适合位置单击并拖曳，绘制一个箭头图形，如图 4-7 所示。

（7）使用填充工具，填充颜色为紫色（C：55；M：98；Y：58；K：13），并去掉轮廓，效果如图4-8所示。

（8）执行"文件"→"导入"命令，导入本书配套素材中的4-9（a）、4-9（b）素材，并调整大小和位置，得到本例效果，如图 4-9 所示。

图 4-6　绘制图形　　　　图 4-7　绘制箭头图形

图 4-8　填充图形　　　　图 4-9　本例最终效果

4.1.2　选择对象

在 CorelDRAW X6 中，选择对象是绘制图形过程中最基本的操作。选择对象可分为选择单个对象、选择多个对象和选择工作区中的所有对象 3 种类型，下面介绍选择对象的具体操作方法。

1．选择单个对象

在编辑图形的过程中，若需要选择单个对象，其方法很简单。

选择单个对象的具体操作步骤如下：

（1）按 Ctrl＋O 组合键，打开本书配套素材中的 4-10 素材，如图 4-10 所示。

（2）选择工具箱中的选择工具，将鼠标指针移至树叶上，如图 4-11 所示。

（3）单击即可将单击处的树叶选中，树叶选中后会出现 8 个控制结点，如图 4-12 所示。

（4）同样的方法，移动鼠标指针至书本上单击，即可选中单击处的书插页，如图 4-13 所示。

图 4-10　打开素材　　　　图 4-11　确认鼠标位置

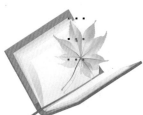

图 4-12　树叶被选中　　　　图 4-13　书插页被选中

若对象是处于组合状态的图形，要选择对象中的单个图形元素，可在按住 Ctrl 键的同时单击该图形，此时图形四周将出现圆形的控制点，表示该图形已经被选中，如图 4-14 所示。

 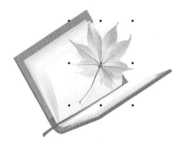

组合对象　　　　　　　　　　　　　　　　　选择单个对象

图 4-14　选择组合中的单个对象

　　选择对象时，也可以在工作区中对象以外的地方按住鼠标左键不放拖曳鼠标，此时会出现一个虚线矩形框，如图 4-15 所示，框选完所要选择的对象并释放鼠标，即可看到对象处于被选中状态，如图 4-16 所示。

图 4-15　虚线矩形框　　　　　　　　　图 4-16　框选单个对象

2 . 选择多个对象

在编辑图形时，经常需要同时选择多个对象进行编辑和修改。

选择多个对象的具体操作步骤如下：

➡（1）选择工具箱中的选择工具，单击其中的一个对象，将其选中，如图 4-17 所示。

➡（2）在按住 Shift 键的同时依次单击其他对象，即可选择多个对象，如图 4-18 所示。

图 4-17　选择一个对象　　　　　　　　图 4-18　选择多个对象

　　用户也可以与选择单个对象一样，在工作区中对象以外的地方按住鼠标左键不放并拖曳鼠标创建一个虚线矩形框，如图 4-19 所示，框选出所要选择的所有对象，释放鼠标后，即可看到选框范围内的对象都被选取，如图 4-20 所示。

图 4-19　虚线矩形框　　　　　　　　图 4-20　框选多个对象

在框选多个对象时，若选取了多余的对象，可按住 Shift 键的同时单击多选的对象，取消该对象的选取状态。

3．按顺序选择对象

使用 Tab 键可以很方便地按图形的图层关系，在工作区中从上到下快速地依次选择对象，并依次循环选取。

按顺序选择对象的具体操作步骤如下：

➡（1）选择工具箱中的选择工具 ，按 Tab 键，直接选取最后绘制的图形，如图 4-21 所示。

➡（2）继续按 Tab 键，系统会按用户绘制图形的先后顺序从后到前依次选取对象，如图 4-22 所示。

图 4-21　直接选取最后绘制的图形

图 4-22　按先后顺序选择对象

4．选择重叠对象

在编辑图形的过程中，使用选择工具选择被覆盖在对象下面的图形时，总是会选到最上层的对象。

选择重叠对象的具体操作步骤如下：

➡（1）选择工具箱中的选择工具 ，按住 Alt 键，在重叠处单击，即可选择被覆盖的图形，如图 4-23 所示。

➡（2）再次单击，则可选取下一层的对象，如图 4-24 所示，依此类推，重叠在后面的图形都可以被选中。

图 4-23　选择重叠对象

图 4-24　选择下一层对象

5．全选对象

全选对象是指选择工作窗口中的所有对象，其中包括所有的图形对象、文本、辅助线和相应对象上的所有结点。

执行"编辑"→"全选"命令，弹出下拉子菜单，如图 4-25 所示，其中有"对象"、"文本"、"辅助线"和"结点"4 个子菜单命令，执行不同的全选命令将得到不同的全选对象。

对象(O)	
文本(T)	
辅助线(G)	
节点(N)	

图 4-25　全选子菜单命令

全选子菜单命令的含义如下。

● 对象：执行该命令后，将选择工作窗口中的所有对象，如图 4-26 所示。

● 文本：执行该命令后，将选择工作窗口中的所有文本对象，如图 4-27 所示。

● 辅助线：执行该命令后，将选择工作窗口中的所有辅助线，被选中的辅助线以红色状态显示，如图 4-28 所示。

● 结点：当选取当前工作区中的一个对象后，该命令才能被使用，且被选取的对象必须是曲线对象。执行该命令后，所选对象中的全部结点都将被选中，如图 4-29 所示。

图 4-26　全选对象前和全选对象后的对比效果　　　　图 4-27　全选文本前和全选文本后的对比效果

图 4-28　全选辅助线前和全选辅助线后的对比效果　　　　图 4-29　全选结点前和全选结点后的对比效果

技巧点拨　　使用选择工具，可以通过框选方式对所有需要的图形对象进行选取；双击工具箱中的选择工具，可以快速地选取工作区中的所有对象。

4.1.3　移动对象

在设计过程中经常需要移动对象的位置，有时只需大概地移动对象的位置，有时却需要精确地移动位置，使用不同的方法可以得到不同的结果，用户可以通过定位图形对象的方法来控制对象的位置。

1．手动拖曳移动对象

如果用户想随意设置对象的位置，可以使用单击并拖曳的方法。

手动拖曳移动对象的具体操作步骤如下：

⬇（1）选择工具箱中的选择工具 ▲，将鼠标指针移至需要移动的对象上，如图 4-30 所示。

⬇（2）单击并向右拖曳，如图 4-31 所示。

⬇（3）拖曳至合适的位置，释放鼠标左键，即可将对象移动到所需的位置，如图 4-32 所示。

图 4-30　移动至对象上　　　　图 4-31　拖曳对象　　　　图 4-32　移动后的对象

2．以微调方式移动对象

如果用户想微调对象的位置，可以使用键盘上的上、下、左、右方向键。

以微调方式移动对象的具体操作步骤如下：

（1）选择工具箱中的选择工具，选中小喇叭，如图4-33所示。

（2）按多次键盘上的↑、↓、←、→方向键，即可微移对象，如图4-34所示。

图4-33 选择需要微移的对象　　图4-34 微移后的对象效果

技巧点拨 使用选择工具并在页面的空白处单击，可取消页面中的所有选择，此时的属性栏如图4-35所示。在"微调偏移"数值框中可以设置微调偏移量，默认情况下，每按一次方向键移动2.54mm。

图4-35 设置微调的偏移量

3．精确定位移动对象

如果用户想精确地设置对象的坐标位置，可以使用属性栏实现。

精确定位移动对象的具体操作步骤如下：

（1）使用选择工具选中小喇叭，此时属性栏如图4-36所示。

（2）在属性栏的"对象的位置"数值框中输入X为200、Y为100，如图4-37所示。

（3）按Enter键确认，选择的对象按照设置的坐标重定位，如图4-38所示。

图4-36 选择对象时的属性栏

图4-37 设置对象的坐标位置

图4-38 精确定位移动的对象

4.1.4 复制对象及属性

在设计过程中，用户经常会遇到一个对象同时多次出现在画面中的情况，这种效果可以通过复制方法得到。

1．复制对象

用户可以使用多种方法将一个图形对象复制出多个副本。

复制对象的具体操作步骤如下：

（1）使用选择工具选中需要复制的对象，如图4-39所示。

（2）按住鼠标左键不放，将对象向右拖动一定的距离后右击，即可复制对象，如图4-40所示。

图4-39 选择需要复制的对象　　图4-40 复制对象

技巧点拨　用户还可以使用以下 5 种方法复制对象。

● 快捷键 1：选中对象后按小键盘上的＋键，可在原地复制对象。

● 快捷键 2：选中对象，按 Ctrl ＋ C 组合键，再按 Ctrl ＋ V 组合键，可复制对象。

● 命令：选中对象，执行"编辑"→"复制"命令复制对象，再执行"编辑"→"粘贴"命令。

● 按钮：选中对象，单击标准栏中的"复制"按钮，再单击"粘贴"按钮。

● 选项：在对象上按住鼠标右键不放并拖曳，释放鼠标，弹出快捷菜单，如图 4-41 所示，选择"复制"命令，即可复制对象。

图 4-41　快捷菜单

2．再制对象

再制对象是指快捷地将对象按一定的方式复制多个。

再制对象的具体操作步骤如下：

➡（1）使用选择工具选中需要再制的对象，按住鼠标左键不放，将对象向右拖动，如图 4-42 所示。

➡（2）拖曳至合适的位置右击，即可复制一个对象副本，如图 4-43 所示。

➡（3）执行"编辑"→"再制"命令，可按与上一步相同的间距和角度再制出新的对象，如图 4-44 所示。

➡（4）执行多次"编辑"→"再制"命令，再制多个图形对象，效果如图 4-45 所示。

图 4-42　拖曳对象

图 4-43　复制一个对象副本

图 4-44　再制对象

图 4-45　再制多个图形对象

技巧点拨　在进行复制对象操作后，按 Ctrl ＋ D 组合键，也可以再制对象。

"再制"命令与"复制"命令的不同之处是，"再制"命令不通过剪贴板复制对象，而是直接将对象的副本生成在页面中。

3．复制对象属性

除了复制对象外，还可以只复制对象属性。复制对象属性是一种比较特殊、重要的复制方法，可以方便、快捷地将指定对象中的轮廓、颜色及文本属性通过复制的方法应用到所选对象中。

复制对象属性的具体操作步骤如下：

➡（1）使用选择工具选中要获取其他对象的源对象，如图 4-46 所示。

➡（2）执行"编辑"→"复制属性自"命令，弹出"复制属性"对话框，如图 4-47 所示。用户可以在该对话框中选择想要复制的属性，包括轮廓笔、轮廓色、填充及文本属性。

图 4-46　选中对象

图 4-47　"复制属性"对话框

"复制属性"对话框中各选项的含义如下。

● "轮廓笔"复选框：用于复制对象的轮廓属性，包括轮廓线的宽度、样式等。

● "轮廓色"复选框：用于复制对象轮廓线的颜色属性。

● "填充"复选框：用于复制对象内部的颜色属性。

● "文本属性"复选框：只能应用于文本对象，可复制指定文本的大小、字体等文本属性。

➡（3）分别选中"轮廓笔"、"轮廓色"和"填充"复选框，单击"确定"按钮，此时光标将变成黑色箭头形状 ➡，移动光标到其他对象上，如图4-48所示。

➡（4）单击即可将该对象的属性复制到所选对象上，如图4-49所示。

图4-48 移动光标到其他对象上

图4-49 复制对象属性

用鼠标右键按住一个对象不放，将对象拖曳到另一个对象上，释放鼠标后，将弹出一个快捷菜单，选择"复制填充"、"复制轮廓"或"复制所有属性"命令，即可将源对象中的填充、轮廓或所有属性复制到所选对象上，如图4-50所示。

图4-50 复制对象属性

4.1.5 删除对象

在 CorelDRAW X6 中可以轻松地将不需要的对象删除。

删除对象有以下 3 种方法：

● 选中要删除的单个或多个对象，按 Delete 键直接删除，如图 4-51 所示。

● 选中要删除的对象，执行"编辑"→"删除"命令，即可删除对象。

● 在要删除的对象上右击，在弹出的快捷菜单中选择"删除"命令。

图4-51 删除对象前和删除对象后的对比效果

4.1.6 缩放对象

在进行设计的过程中，用户有时对所绘制对象的大小不满意，这时就要缩放对象的大小。

缩放对象的具体操作步骤如下：

（1）使用选择工具选中需要缩放的对象，如图 4-52 所示。

（2）将鼠标指针移至右上角的控制柄上，单击并向右上角拖曳鼠标，成比例放大对象，如图 4-53 所示。

图 4-52　选中需要缩放的对象　　　　图 4-53　成比例放大对象

技巧点拨　使用选择工具选中对象后，在按住 Shift 键的同时拖曳对象四角处的控制柄，可以使对象按中心点位置等比例缩放；在按住 Ctrl 键的同时拖曳对象四角处的控制柄，可以按原始大小的倍数等比例缩放对象；在按住 Alt 键的同时拖曳对象四角处的控制柄，可以按任意长宽比延展对象。另外，通过设置属性栏的"对象大小"数值框中的数值，也可以精确地设置对象的大小，如图 4-54 所示。

| x: 155.48 mm | ↔ 58.79 mm | 107.9 % |
| y: 72.765 mm | ↕ 62.778 mm | 107.9 % |

图 4-54　"对象大小"数值框

4.1.7　旋转对象

在进行设计的过程中，用户可以将对象的角度旋转，从而产生不同的效果。

旋转对象的具体操作步骤如下：

（1）使用选择工具在需要旋转的对象上单击两次，进入旋转状态，此时对象四周的控制点将变成双箭头形状，如图 4-55 所示。

（2）拖曳鼠标至合适的位置，释放鼠标，即可旋转对象，如图 4-56 所示。

图 4-55　旋转状态　　　　图 4-56　旋转对象

技巧点拨　使用选择工具选中对象后，用户也可以在属性栏的"旋转角度"数值框中输入数值，按回车键确认，也可以以中心点旋转对象。

当对象进入旋转状态后，用鼠标左键拖曳旋转基点⊙至合适的位置，在旋转对象时，对象将围绕新的基点按顺时针或逆时针方向旋转，如图 4-57 所示。

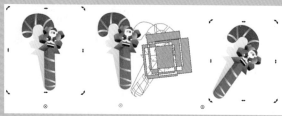

图 4-57　改变基点后的旋转效果

4.1.8　倾斜对象

倾斜对象和旋转对象的操作方法类似。倾斜对象的具体操作步骤如下：

（1）使用选择工具选中需要倾斜的对象，将鼠标指针移至对象的中心位置单击，对象的四周和中心会出现倾斜控制点，将光标移至倾斜控制点上，此时光标变为倾斜形状 ⇌，如图 4-58 所示。

（2）单击并拖动至合适的位置，释放鼠标即可倾斜对象，如图 4-59 所示。

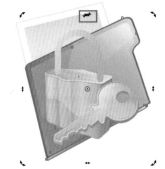

图 4-58　对象的四周和中心出现倾斜控制点

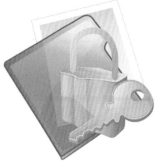

图 4-59　倾斜对象

4.1.9　镜像对象

在 CorelDRAW X6 中，可以将沿水平方向、垂直方向和对角方向镜像对象。

镜像对象的具体操作步骤如下：

（1）使用选择工具选中需要镜像的对象，将鼠标指针移至左侧中间的控制柄上，此时光标变为双向箭头形状 ↔，如图 4-60 所示。

（2）单击并向右拖曳至合适的位置，即可出现一个虚的对象副本，释放鼠标，即可完成水平镜像，如图 4-61 所示。

图 4-60　光标形状

图 4-61　水平镜像对象

（3）如果想垂直镜像对象，将鼠标指针移至上方或下方中间的控制柄上，然后向下或者向上拖曳鼠标，即可垂直镜像对象，如图 4-62 所示。

（4）如果想沿对角线镜像对象，则需要将鼠标指针移至任意四角处，效果如图 4-63 所示。

（5）单击并向对角线的方向拖曳，即可沿对角线镜像对象，若拖曳至合适位置后右击，还可沿对角线镜像复制对象，如图 4-64 所示。

图 4-62　垂直镜像对象

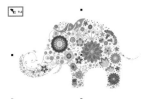

图 4-63　光标位置

图 4-64　沿对角线镜像复制对象

技巧点拨

　　在按住 Ctrl 键的同时单击并拖曳，可等比例镜像对象。另外，单击属性栏中的"水平镜像"按钮 和"垂直镜像"按钮 ，也可以水平或者垂直镜像对象。

4.1.10 自由变形对象

使用自由变换工具可以自由旋转镜像、缩放和扭曲图形。

使用自由变换工具自由变形对象的具体操作步骤如下：

➡（1）选中需要自由变形的对象，如图 4-65 所示。

➡（2）选择工具箱中的自由变换工具，在选中的对象上单击并向下拖曳，会出现一个虚的对象副本，如图 4-66 所示。

➡（3）释放鼠标，即可自由旋转对象，如图 4-67 所示。

图 4-65　拖曳结点

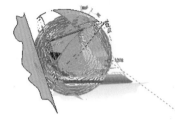

图 4-66　变形图形

➡（4）在属性栏中单击"自由角度镜像工具"按钮，在对象上单击并拖曳，即可以自由角度镜像对象，如图 4-68 所示。

➡（5）在属性栏中单击"自由调节工具"按钮，在对象上单击并拖曳，即可自由调节对象，如图 4-69 所示。

➡（6）在属性栏中单击"自由扭曲工具"按钮，在对象上单击并拖曳，即可自由扭曲对象，如图 4-70 所示。

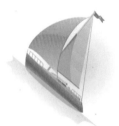

图 4-67　自由旋转对象

图 4-68　以自由角度镜像对象

图 4-69　自由调节对象

图 4-70　自由扭曲对象

4.1.11 裁剪对象

使用裁剪工具可以裁剪矢量对象和位图，可以移除对象和导入图形中不需要的区域，而无须取消对象分组，可将断开链接的群组部分或者将对象转换为曲线。

裁剪对象的具体操作步骤如下：

⬇（1）打开本书配套素材中的 4-71 素材，如图 4-71 所示。

⬇（2）选择工具箱中的裁剪工具，移动鼠标指针至页面中确定要裁剪的位置，单击并拖曳出一个矩形裁剪框，如图 4-72 所示。

⬇（3）按回车键，确认操作，即可裁剪图像，效果如图 4-73 所示。

图 4-71　素材

图 4-72　矩形裁剪框

图 4-73　裁剪后的图像

裁剪对象时，当创建矩形裁剪框后，在控制框内双击，也可以确认裁剪操作。

4.1.12 切割对象

使用刻刀工具可以将一个对象分成几个部分。需要注意的是，使用刻刀工具不是删除对象，而是将对象分割。

使用刻刀工具切割图形的具体操作步骤如下：

➡（1）选择工具箱中的刻刀工具 ✎，将鼠标指针移至需要切割图形的边缘处，单击确定切割的起点，如图 4-74 所示。

➡（2）向右下角移动鼠标指针，出现一条切割线，如图 4-75 所示。

图 4-74 确定切割起点　　　　图 4-75 移动鼠标指针

➡（3）移至图形另一侧的边缘，再次单击，即可切割图形，如图 4-76 所示。

➡（4）选择切割后的部分图形，将其向上移动，如图 4-77 所示。

图 4-76 切割图形　　　　图 4-77 移动切割后的图形

专家提醒
使用刻刀工具不仅可以编辑形状对象，还可以编辑路径对象。选择工具箱中的刻刀工具，属性栏如图 4-78 所示。

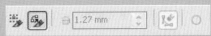

图 4-78 裁剪工具属性栏

刻刀工具属性栏中的各选项含义如下。

● "成为一个对象"按钮 🔲：单击该按钮，分割对象时对象会始终保持一个整体。

● "剪切时自动闭合"按钮 🔲：单击该按钮，可以分割对象，并使之成为两个闭合的图形。

4.1.13 擦除对象

在绘图过程中，用户可以擦除矢量和位图对象不需要的部分。

1．使用橡皮擦工具擦除对象

使用橡皮擦工具可以擦除位图和矢量对象不需要的部分。自动擦除将自动闭合任何不受影响的路径，并同时将对象转换为曲线。

使用橡皮擦工具擦除图形的具体操作步骤如下：

➡（1）使用选择工具选择需要擦除的图形，选择工具箱中的橡皮擦工具 ✐，在图形左侧的边缘处单击并水平向右拖曳，如图4-79所示。

➡（2）拖曳至合适的位置后释放鼠标，鼠标经过处的图形即可被擦除，如图4-80所示。

图 4-79　拖曳鼠标

图 4-80　擦除图形

2．使用虚拟段删除工具擦除对象

使用虚拟段删除工具可以删除一些无用的线条，包括曲线以及使用绘图工具绘制的矩形、椭圆等矢量图形，还可以删除整个对象或对象中的一部分。

使用虚拟段删除工具擦除图形的具体操作步骤如下：

➡（1）选择工具箱中的虚拟段删除工具 ✐，将鼠标指针移至需要删除的虚拟线段上，如图4-81所示。

➡（2）单击即可将虚拟线段删除，如图4-82所示。

图 4-81　确定虚拟线段

图 4-82　擦除虚拟线段

专家提醒

使用虚拟段删除工具删除的虚拟线段指的是两个交叉点之间的部分对象。

4.1.14　涂抹对象

在绘图过程中，用户可以使用涂抹笔刷工具和粗糙笔刷工具对图形进行变形修饰，以满足不同的图形编辑需要。

1．使用涂抹笔刷工具变形对象

使用涂抹笔刷工具可以创建更为复杂的曲线图形，在矢量图形边缘或内部任意涂抹，以达到变形对象的目的。

使用涂抹笔刷工具变形图形的具体操作步骤如下：

➡（1）使用选择工具选择绘图页面中需要变形的图形，选择工具箱中的涂抹笔刷工具 ✐，在属性栏中设置"笔尖大小"为20、"水分浓度"为10，如图4-83所示。

➡（2）将鼠标指针移至需要变形的图形对象上，单击并向上拖曳，如图4-84所示。

➡（3）拖曳至适当的位置后释放鼠标，即可变形图形，如图4-85所示。

图 4-83　设置属性栏

图 4-84　单击并拖曳鼠标

图 4-85　变形图形

涂抹笔刷工具属性栏中的各选项含义如下。

● "笔尖大小"数值框 ⊡1.0 mm ⬚ ：用于设置涂抹笔刷的宽度。
● "水分浓度"数值框 ✐0 ⬚ ：用于设置涂抹笔刷的力度。
● "斜移"数值框 ⬠ 45.0° ⬚ ：用于设置涂抹笔刷、模拟压感笔的倾斜角度。
● "方位"数值框 ⬠ .0° ⬚ ：用于设置涂抹笔刷、模拟压感笔的笔尖方位角。

2．使用粗糙笔刷工具变形对象

粗糙笔刷工具是一种多变的抽曲变形工具，可以改变矢量图形对象中曲线的平滑度，从而产生粗糙的边缘变形效果。

使用粗糙笔刷工具变形图形的具体操作步骤如下：

➲（1）使用选择工具选择绘图页面中需要变形的图形，选择工具箱中的粗糙笔刷工具 ✍，在属性栏中设置各选项，如图4-86所示。

➲（2）将鼠标指针移至需要变形的图形对象上，单击并向上拖曳，如图4-87所示。

➲（3）拖曳至适当的位置后释放鼠标，即可变形图形，如图4-88所示。

图4-86 设置属性栏

图4-87 单击并拖曳鼠标　　　　图4-88 变形图形

➲（4）拖曳至其他位置，变形图形，如图4-89所示。

➲（5）选择其他图形，使用粗糙笔刷工具变形图形，如图4-90所示。

图4-89 变形其他位置的图形　　　　图4-90 变形图形

4.1.15 使用"变换"泊坞窗变换对象

用户可以使用"变换"泊坞窗对所选对象的位置、旋转角度、比例、大小和镜像等进行精确地变换设置。另外，可以在变换对象的同时将设置应用于复制的副本对象，而原对象保持不变。

1．精确地移动对象

使用"变换"泊坞窗的"位置"面板可以精确地移动对象。

精确地移动对象的具体操作步骤如下：

⬇（1）打开本书配套素材中的4-91素材，如图4-91所示，使用选择工具选中需要精确移动的人物对象。

⬇（2）执行"排列"→"变换"→"位置"命令，打开"变换"泊坞窗中的"位置"面板，设置X为100、Y为10，如图4-92所示。

⬇（3）单击"应用"按钮，即可精确地移动对象，如图4-93所示。

"位置"面板中各选项的含义如下。
- X 数值框：用于设置水平坐标的位置。
- Y 数值框：用于设置垂直坐标的位置。
- "相对位置"选项区：用于将对象或者对象副本，以原对象的锚点作为相对的坐标原点，沿某一方向移动到相对于原位置指定距离的新位置。
- "副本"数值框：用于设置需要复制的份数。
- "应用"按钮：可保留原对象不变，将所做的设置应用到再制的对象上。

图 4-91　打开的素材

图 4-92　"变换"泊坞窗中的"位置"面板

图 4-93　精确地移动对象

2．精确地旋转对象

使用"变换"泊坞窗的"旋转"面板可以精确地旋转对象。

精确地旋转对象的具体操作步骤如下：

（1）选中需要精确旋转的对象，如图 4-94 所示。

（2）执行"排列"→"变换"→"旋转"命令，打开"变换"泊坞窗中的"旋转"面板，设置各选项，如图 4-95 所示。

（3）单击"应用"按钮，即可精确地旋转并复制对象，如图 4-96 所示。

图 4-94　选择需要精确旋转的对象

图 4-95　"旋转"面板

图 4-96　精确地旋转并复制对象

"旋转"面板中主要选项的含义如下。
- "旋转角度"数值框：用于设置旋转的角度。
- "中心"选项区中的两个数值框：通过设置水平和垂直方向上的参数值可以确定对象的旋转中心。默认情况下，旋转中心为对象的中心。若选中"相对中心"复选框，可以在下方的指示器中选择旋转中心的相对位置。

3．精确地镜像对象

使用"变换"泊坞窗的"缩放和镜像"面板可以精确地镜像对象。

精确地镜像对象的具体操作步骤如下：

（1）选中需要镜像的对象，如图 4-97 所示。

（2）执行"排列"→"变换"→"缩放和镜像"命令，打开"变换"泊坞窗中的"缩放和镜像"面板，如图 4-98 所示。

（3）单击"应用"按钮，即可水平镜像并复制对象，如图 4-99 所示。

图 4-97　选择需要精确镜像的对象　　图 4-98　"缩放和镜像"面板　　　　　图 4-99　水平镜像并复制对象

 专家提醒

"缩放和镜像"面板中主要选项的含义如下。

- X 数值框：用于设置对象水平方向的缩放比例。
- Y 数值框：用于设置对象垂直方向的缩放比例。
- "水平镜像"按钮：可以使对象沿水平方向翻转镜像。
- "垂直镜像"按钮：可以使对象沿垂直方向翻转镜像。

4．精确地设定对象大小

使用"变换"泊坞窗的"大小"面板可以精确地调整对象的大小。

精确地调整对象大小的具体操作步骤如下：

（1）选中需要精确调整大小的对象，执行"排列"→"变换"→"大小"命令，打开"变换"泊坞窗中的"大小"面板，设置各选项如图 4-100 所示，其中的 X 数值框用于设置对象水平方向的大小，Y 数值框用于设置对象垂直方向的大小。

（2）单击"应用"按钮，即可精确地设定对象的大小，如图 4-101 所示。

图 4-100　"大小"面板　　　　　　图 4-101　精确地设定对象的大小

5．精确地倾斜对象

使用"变换"泊坞窗的"倾斜"面板可以精确地倾斜对象。

精确地倾斜对象的具体操作步骤如下：

（1）选中需要精确倾斜的对象，如图 4-102 所示。

（2）执行"排列"→"变换"→"倾斜"命令，打开"变换"泊坞窗中的"倾斜"面板，设置各选项如图 4-103 所示，其中的 X 数值框用于设置水平方向的倾斜角度，Y 数值框用于设置对象垂直方向的倾斜角度。

（3）单击"应用"按钮，即可精确地倾斜对象，如图 4-104 所示。

图 4-102　选中需要倾斜的对象　　　　图 4-103　"倾斜"面板　　　　图 4-104　精确地倾斜对象

4.2　排列与对齐对象

在绘制图形时，经常需要将某些图形对象按照一定的规则整齐的、有条理的或者组织起来进行排列，使画面更整齐、美观，这时就需要用到顺序、对齐和分布等命令。

4.2.1　案例精讲——绘制卡通人物

最终效果图

案例说明

本例将制作效果如图 4-105 所示的卡通人物，主要练习贝塞尔工具、"到图层后面"命令、椭圆形工具等的使用方法。

图 4-105　实例的最终效果

操作步骤：

（1）选择工具箱中的贝塞尔工具，绘制图形，如图 4-106 所示。

（2）按 F 键调用工具箱中的填充工具，弹出"均匀填充"对话框，设置颜色为浅红色（R：251；G：242；B：235），单击"确定"按钮填充颜色，并单击页面右侧调色板中的"无"图标，去掉轮廓，效果如图 4-107 所示。

图 4-106　绘制图形

图 4-107　填充颜色并去掉轮廓

（3）使用贝塞尔工具绘制一个图形，并填充颜色为黑色（R：51；G：44；B：43），去掉轮廓，效果如图 4-108 所示。

（4）选择工具箱中的交互式透明工具，在属性栏中设置"透明度类型"为"标准"、"开始透明度"为 100，添加透明效果，如图 4-109 所示。

图 4-108　绘制图形

图 4-109　添加透明效果

（5）选择工具箱中的交互式阴影工具，在属性栏中设置"预设列表"为"小型辉光"、"阴影的不透明度"为 54、"阴影羽化"为 20、"透明度操作"为"正常"、"阴影颜色"为浅红色（R：246；G：220；B：221），添加阴影效果，如图 4-110 所示。

（6）同样的方法，制作出另一侧的腮红，如图 4-111 所示。其中填充颜色为浅红色（R：246；G：220；B：221），添加相同参数的透明效果，添加"预设列表"为"小型辉光"、"阴影的不透明度"为 42、"阴影羽化"为 20、"透明度操作"为"正常"、"阴影颜色"为浅红色（R：246；G：220；B：221）的阴影效果。

图 4-110　添加阴影效果

图 4-111　制作另一侧的腮红

➡（7）使用贝塞尔工具绘制眉毛，填充颜色为浅红色（R：251；G：224；B：213），去掉轮廓，效果如图 4-112 所示。

➡（8）使用贝塞尔工具绘制眼睛，填充颜色为白色（R：255；G：255；B：255），去掉轮廓，效果如图 4-113 所示。

图 4-112　绘制眉毛

图 4-113　绘制眼睛

➡（9）选择工具箱中的椭圆形工具，绘制一个椭圆，填充颜色为棕色（R：71；G：41；B：44），去掉轮廓，效果如图 4-114 所示。

➡（10）同样的方法，使用椭圆形工具绘制两个椭圆，其中颜色分别为黑色（R：1；G：1；B：3）和白色（R：244；G：243；B：241），效果如图 4-115 所示。

图 4-114　绘制椭圆

图 4-115　绘制其他的椭圆

➡（11）使用贝塞尔工具绘制两个眼睑，其中颜色分别为深棕色（R：41；G：28；B：27）和棕色（R：77；G：51；B：52），效果如图 4-116所示。

➡（12）使用贝塞尔工具绘制鼻子，其中颜色分别为灰色（R：204；G：189；B：182）和灰色（R：202；G：188；B：179），效果如图 4-117所示。

图 4-116　绘制眼睑

图 4-117　绘制鼻子

➡（13）使用贝塞尔工具绘制嘴唇，填充颜色为粉线色（R：255；G：127；B：160），效果如图4-118所示。

➡（14）同样的方法，绘制舌头和牙齿，填充颜色分别为灰红色（R：192；G：100；B：105）、白色和浅红色（R：253；G：218；B：222），效果如图 4-119 所示。

图 4-118　绘制嘴唇

图 4-119　绘制舌头和牙齿

➡ （15）使用贝塞尔工具绘制头发，填充颜色为棕色（R：72；G：52；B：51），效果如图4-120所示。

➡ （16）使用贝塞尔工具绘制头发的明暗，填充相应的颜色，效果如图 4-121 所示。

图 4-120 绘制头发　　　　图 4-121 绘制头发的明暗

➡ （17）使用贝塞尔工具绘制身体部分，填充颜色为棕色（R：254；G：243；B：237），效果如图 4-122 所示。

➡ （18）执行"排列"→"顺序"→"到图层后面"命令，调整身体部分到最底层，效果如图 4-123 所示。

图 4-122 绘制身体部分　　图 4-123 调整身体部分到最底层

➡ （19）同样的方法，使用贝塞尔工具绘制身体部分的阴影，填充颜色为浅红色（R：254；G：204；B：186），效果如图 4-124 所示。

➡ （20）使用贝塞尔工具绘制指甲，填充颜色分别为洋红色（R：225；G：20；B：87）和浅红色（R：225；G：199；B：212），效果如图 4-125 所示。

图 4-124 绘制身体部分的阴影　　图 4-125 绘制指甲

➡ （21）选择工具箱中的钢笔工具，绘制图形，填充颜色为土黄色（R：211；G：180；B：135），效果如图 4-126 所示。

➡ （22）执行"排列"→"顺序"→"到图层后面"命令，调整身体部分到最底层，效果如图 4-127 所示。

图 4-126 绘制图形　　　　图 4-127 调整图形顺序

➡ （23）使用贝塞尔工具绘制衣服，填充颜色为棕色（R：72；G：52；B：51），效果如图 4-128 所示。

➡ （24）同样的方法，使用贝塞尔工具和椭圆形工具绘制购物袋和项链，填充相应的颜色。在绘制一个椭圆形后，执行"排列"→"顺序"→"向前一层"命令，调整顺序，得到本例效果，如图 4-129 所示。

图 4-128 绘制衣服　　　　图 4-129 本例最终效果

4.2.2　排序对象

在 CorelDRAW X6 中创建对象时，是按创建对象的先后顺序排列在页面中的，最先绘制的对象位于最底层，最后绘制的对象位于最上层。在绘制过程中，当多个对象重叠在一起时，上面的对象会将下面的对象遮住，这时就要通过合理的顺序排列表现出需要的层次关系。

执行"排列"→"顺序"命令，将弹出其子菜单命令，如图 4-130 所示，用于调整图形的顺序。

图 4-130　"顺序"子菜单命令

"顺序"子菜单命令的含义如下。

- 到图层前面：选中对象，如图 4-131 所示，执行"排列"→"顺序"→"到图层前面"命令或按 Shift + PgUp 组合键，即可快速地将对象移到最前面，如图 4-132 所示。

图 4-131　选中对象　　　图 4-132　移动对象到最前面

- 到图层后面：选中对象，如图 4-133 所示，执行"排列"→"顺序"→"到图层后面"命令或按 Shift + PgDn 组合键，即可快速地将对象移到最后面，如图 4-134 所示。

图 4-133　选中对象　　　图 4-134　移动对象到最后面

- 向前一层：选中对象，如图 4-135 所示，执行"排列"→"顺序"→"向前一层"命令或按 Ctrl + PgUp 组合键，即可使选中的对象上移一层，如图 4-136 所示。

图 4-135　选中对象　　　图 4-136　向前一层

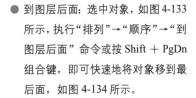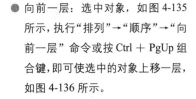

● 向后一层：选中对象，如图 4-137
所示，执行"排列"→"顺序"→"向
后一层"命令或按 Ctrl + PgDn 组
合键，即可使选中的对象下移一层，
如图 4-138 所示。

图 4-137 选中对象　　　　　图 4-138 向后一层

● 置于此对象前：选中对象，执行"排
列"→"顺序"→"置于此对象前"
命令，此时鼠标指针呈黑色箭头形
状 ➡，如图 4-139 所示，将光标
放到另一个对象上单击，选中的对
象就移到了另一个对象的上面，如
图 4-140 所示。

图 4-139 将光标放到另一个对象上　　　图 4-140 置于此对象前

● 置于此对象后：选中对象，执行"排
列"→"顺序"→"置于此对象后"
命令，此时鼠标指针呈黑色箭头形
状 ➡，如图 4-141 所示，把光标
放到另一个对象上单击，选中的对
象就移到了另一个对象的下面，如
图 4-142 所示。

图 4-141 将光标放到另一个对象上　　　图 4-142 置于此对象后

● 反转顺序：按 Ctrl + A 组合键全
选对象，如图 4-143 所示，执行"排
列"→"顺序"→"反转顺序"命
令，即可使所选对象按相反的顺序
排列，如图 4-144 所示。

图 4-143 全选对象　　　　　图 4-144 反转顺序

● 到页面前面、到页面后面：选中对象，执行"排列"→"顺序"→"到页面前面"或"排列"→"顺序"→"到
页面后面"命令，即可使所选对象调整到当前页面的最前面或最后面。

技巧点拨　　　使用选择工具，在需要移动叠加顺序的对象上右击，在弹出的快捷菜单中也可以选择相应的命令
完成调整叠加顺序的操作，如图 4-145 所示。

图 4-145 顺序快捷菜单

4.2.3 对齐对象

在 CorelDRAW X6 中提供了对齐对象的功能，可以将所选的对象沿水平或者垂直方向对齐，也可以同时沿水平和垂直方向对齐。对齐对象的参考点可以选择对象的中心或边缘。

选择需要对齐的所有对象，执行"排列"→"对齐和分布"命令，弹出如图 4-146 所示的子菜单，选择相应的命令，即可使对象按一定的方式对齐。

图 4-146　对齐和分布菜单命令

对齐对象的具体操作步骤如下：

➡ （1）使用选择工具，在页面中同时选中两个或两个以上的对象，如图 4-147 所示。

➡ （2）执行"排列"→"对齐和分布"→"对齐和分布"命令，弹出"对齐与分布"对话框，如图 4-148 所示。

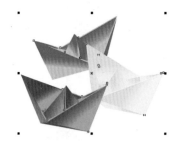

图 4-147　选中多个对象

图 4-148　"对齐与分布"对话框

技巧点拨

在属性栏中单击"对齐和分布"按钮，也可以弹出"对齐与分布"对话框。

⬇ （3）默认选择"对齐"选项卡，设置选择对象在水平或垂直方向上的对齐方式。其中水平方向上提供了左、中、右 3 个对齐方式，垂直方向上提供了上、中、下 3 个对齐方式，如图 4-149 所示。选中相应的复选框后，单击"应用"按钮，即可按指定的方向对齐对象。

（a）左对齐

（b）中对齐

（c）右对齐

图 4-149　对齐效果

（d）上对齐

（e）中对齐

（f）下对齐

图 4-149（续）

在对话框的"对齐对象到"下拉列表框中还提供了对齐到活动对象、页边、页面中心、网格和指定点等多种对齐方式，如图 4-150 所示。

图 4-150　"对齐对象到"下拉列表框

专家提醒　　用来对齐左、右、上端或下端的参照对象是由对象的创建顺序或选择顺序决定的。若在对齐之前已经框选对象，则最后对象将成为对齐其他对象的参考点；若每次选择一个对象，则最后选定的对象将成为对齐其他对象的参考点。

4.2.4　分布对象

在 CorelDRAW X6 中，可以将所选对象按照一定的规则分布在绘图页面中或者选定的区域中。在分布对象时可以让对象等间距排列，并且可以指定排列时的参考点，还可以将辅助线按照一定的间距进行分布。

对齐对象的具体操作步骤如下：

➡（1）使用选择工具，在页面中同时选中两个或两个以上的对象，如图 4-151 所示。

➡（2）执行"排列"→"对齐和分布"→"对齐和分布"命令，弹出"对齐与分布"对话框，切换至"分布"选项卡，如图 4-152 所示。

➡（3）该选项卡用于选择需要的分布方式，如顶部、水平居中、上下间隔、底部、左、垂直居中、左右间隔、右，并且它们可以组合使用。本例选中"左"复选框和左侧的"间距"复选框，如图 4-153 所示。

➡（4）单击"应用"按钮，即可以左侧为等间距分布对象，如图 4-154 所示。

图 4-151　选中对象

图 4-152　切换至"分布"选项卡

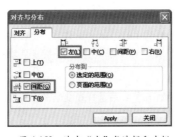

图 4-153　选中"左"复选框和左侧的"间距"复选框

图 4-154　以左侧为等间距分布对象

专家提醒 可以同时选择水平和垂直方向上的不同分布方式，使对象产生不同的分布效果。用户可随意设置，并观察不同设置下对象的分布效果。

4.3 | 群组、结合与锁定对象

在绘制图形时，可以将对象进行群组、结合、拆分和锁定等操作，掌握好这些操作，可以帮助用户更好、更高效地完成绘图操作。

4.3.1 案例精讲——绘制精美礼品盒

最终效果图

♥ 案例说明

本例将制作效果如图 4-155 所示的精美礼品盒，主要练习钢笔工具、渐变填充工具等基本工具的使用方法。

图 4-155 实例的最终效果

操作步骤：

➡ （1）选择工具箱中的钢笔工具，绘制图形，如图 4-156 所示。

➡ （2）选择工具箱中的填充工具，填充颜色为深灰色（R：63；G：63；B：63），并去掉轮廓，效果如图 4-157 所示。

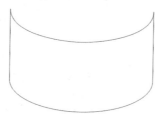

图 4-156 绘制图形

图 4-157 填充颜色并去掉轮廓

（3）选择工具箱中的钢笔工具，绘制图形，然后选择工具箱中的渐变填充工具，填充"角度"为 1.2、"边界"为 0、起点色块和位置 2% 的颜色均为黑色（R、G、B 均为 0）、位置 14% 的颜色为青蓝色（R：3；G：100；B：126）、位置 41% 和 50% 均为青色（R：138；G：225；B：239）、位置 73% 为青蓝色（R：3；G：144；B：144）、位置 83% 为深青蓝色（R：2；G：57；B：72）、终点色块的颜色为黑色（R、G、B 均为 0）的线性渐变，并去掉轮廓，效果如图 4-158 所示。

（4）选择钢笔工具，绘制图形，然后选择渐变填充工具，填充"角度"为 1.2、起点色块和位置 2% 的颜色均为黑色（R、G、B 均为 0）、位置 19% 的颜色为深青蓝色（R：1；G：50；B：63）、位置 37% 为青蓝色（R：3；G：100；B：126）、位置 62% 为青蓝色（R：3；G：144；B：144）、位置 71% 为深青蓝色（R：2；G：57；B：72）、终点色块的颜色为黑色（R、G、B 均为 0）的线性渐变，并去掉轮廓，效果如图 4-159 所示。

图 4-158　绘制图形并进行渐变填充　　　　　　图 4-159　绘制图形并进行渐变填充

　　⬇（5）选择工具箱中的椭圆形工具◯，绘制一个椭圆，如图 4-160 所示。

　　⬇（6）使用渐变填充工具，填充"类型"为"射线"、"角度"为 207.6、起点色块的颜色为黑色（R、G、B 均为 0）、位置 2% 和 13% 的颜色均为青蓝色（R：3；G：100；B：126）、位置 47% 和 57% 均为青色（R：138；G：225；B：239）、位置 87%、95% 和终点色块均为青蓝色（R：3；G：114；B：114）的渐变，并去掉轮廓，效果如图 4-161 所示。

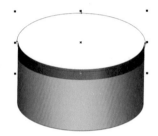　　

图 4-160　绘制椭圆　　　　　　　　　　图 4-161　渐变填充

　　⬇（7）使用钢笔工具绘制图形，并填充线性渐变色，其中"角度"为 1.2、起点色块和位置 2% 的颜色为黑色（R、G、B 均为 0）、位置 14% 为深青蓝色（R：3；G：100；B：126）、位置 37% 和 47% 为青色（R：138；G：225；B：239）、位置 73% 为青蓝色（R：3；G：144；B：144）、位置 83% 为深青蓝色（R：2；G：57；B：72）、终点色块的颜色为黑色（R、G、B 均为 0），并去掉轮廓，效果如图 4-162 所示。

　　⬇（8）使用椭圆形工具绘制椭圆，并填充渐变色，其中"类型"为"射线"、"水平"为 -4、"垂直"为 -68、起点色块的颜色为青蓝色（R：3；G：114；B：114）、位置 24% 的颜色为青色（R：70；G：169；B：191）、位置 60% 为青色（R：138；G：225；B：239）、位置 73% 为浅青色（R：205；G：233；B：241）、位置 91% 和终点色块的颜色均为白色（R、G、B 均为 255），效果如图 4-163 所示。

图 4-162　绘制图形并进行渐变填充　　　　　　图 4-163　绘制椭圆并进行渐变填充

➡️（9）在属性栏中设置"轮廓宽度"为0.3，并在页面右侧调色板中的白色色块上右击，更改轮廓颜色为白色，效果如图4-164所示。

➡️（10）执行"文件"→"导入"命令，导入本书配套素材中的4-165素材，得到本例效果，如图4-165所示。

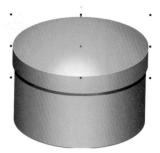

图4-164　更改轮廓属性

图4-165　本例最终效果

4.3.2　群组与取消群组对象

在编辑比较复杂的对象时，通常会有很多图形对象，为了方便操作，可以对一些对象进行群组，群组以后的多个对象将被作为一个单独的对象来处理。

1．群组对象

群组就是将多个对象或一个对象的各个组成部分组合成一个整体，群组后的对象是一个整体对象。

群组对象的具体操作步骤如下：

➡️（1）选中需要群组的对象，如图4-166所示。

➡️（2）执行"排列"→"群组"命令群组对象，并向左移动，如图4-167所示。

图4-166　选择需要群组的对象

图4-167　群组后的对象

技巧点拨　　按Ctrl＋G组合键或者单击属性栏中的"群组"按钮，也可以群组对象。选择已群组的对象或多组对象，执行相同的操作后，可以创建嵌套群组（嵌套群组是将两组或多组已群组的对象进行再次组合）。另外，将不同图层的对象群组后，这些对象会存在于同一个图层。

2．取消群组对象

将多个对象群组后，若需要对其中一个对象进行单独编辑，则需要解散群组。

取消群组对象的具体操作步骤如下：

➡️（1）选中需要解散群组的对象，如图4-168所示。

➡️（2）执行"排列"→"取消群组"命令，即可取消群组对象，如图4-169所示。

图4-168　选择需要解散群组的对象

图4-169　取消群组后的对象

技巧点拨　　按Ctrl＋U组合键或者单击属性栏中的"取消群组"按钮，也可以解散群组对象。若将嵌套群组对象解散为单一的对象，在选取该嵌套群组对象后，单击属性栏上的"取消全部群组"按钮即可。

4.3.3　结合与拆分对象

结合与群组的功能比较相似，不同的是结合对象是一个全新的造型整体，其对象属性也随之发生改变。

1．结合对象

结合对象是指将多个不同对象结合成一个新的对象，如果合并时的原始对象是重叠的，则合并后的重叠区域将会出现透明的状态。

结合对象的具体操作步骤如下：

➡（1）选中需要结合的对象，如图 4-170 所示。

➡（2）执行"排列"→"结合"命令，即可结合对象，如图 4-171 所示。

图 4-170　选择需要结合的对象　　　　图 4-171　结合后的对象

　　按 Ctrl ＋ L 组合键或者单击属性栏中的"结合"按钮，也可以结合对象。结合后的对象属性与选取对象的先后顺序有关，若采用点选的方式选择所要结合的对象，则结合后的对象属性与选择的对象属性保持一致；若采用框选的方式选取所要结合的对象，则结合后的对象属性与位于最下层的对象属性保持一致。

2．拆分对象

对于结合后的对象，可以通过"拆分"命令取消对象的结合。

拆分对象的具体操作步骤如下：

➡（1）选中需要拆分的对象，如图 4-172 所示。

➡（2）执行"排列"→"拆分"命令拆分对象，然后选择其中的一个对象，如图 4-173 所示。

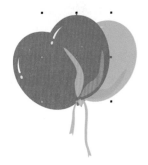

图 4-172　选择需要拆分的对象　　　　图 4-173　拆分后的对象

　　按 Ctrl ＋ K 组合键或者单击属性栏中的"拆分对象"按钮，也可以拆分对象。

4.3.4　锁定与解锁对象

如果需要将页面中暂时不需要修改的对象固定在一个特定的位置，使其不能被移动、变换或者进行其他的编辑操作，可以考虑将该对象锁定。

1．锁定对象

有时为了避免对象受到操作的影响，可以对已经编辑好的对象进行锁定，被锁定的对象不能执行任何操作。

锁定对象的具体操作步骤如下：

➡（1）选中需要锁定的对象，如图 4-174 所示。

➡（2）执行"排列"→"锁定对象"命令，即可锁定对象，如图 4-175 所示。

图 4-174　选择需要锁定的对象　　　　　　图 4-175　锁定后的对象

2．解锁对象

对于锁定的对象，可以通过"解锁对象"命令取消锁定。

解锁对象的具体操作步骤如下：

➡（1）选中需要解锁的对象，如图 4-176 所示。

➡（2）执行"排列"→"解锁对象"命令，即可解锁对象，如图 4-177 所示。

图 4-176　选择需要解锁的对象　　　　　　图 4-177　解锁后的对象

4.4　修整对象

在 CorelDRAW X6 中，用户可以通过修整功能灵活、方便地修整图形对象。"排列"→"造形"的子菜单中为用户提供了一些改变对象形状的功能命令，如图 4-178 所示。同时，在属性栏中还提供了与造形命令相对应的功能按钮，以便用户更快捷地使用这些命令，如图 4-179 所示。

图 4-178　"造形"子菜单命令

图 4-179　"造形"功能按钮

4.4.1 案例精讲——绘制立体实心球

最终效果图

🖤 案例说明

本例将制作效果如图 4-180 所示的立体实心球，主要练习椭圆形工具、贝塞尔工具、填充工具、"相交"命令等的使用方法。

图 4-180 实例的最终效果

操作步骤：

➡ (1) 选择工具箱中的椭圆形工具，绘制一个"对象大小"均为 168 的正圆，然后使用工具箱中的填充工具，填充颜色为黑色（C：100；M：100；Y：100；K：100），并去掉轮廓，效果如图4-181所示。

➡ (2) 选择椭圆形工具，绘制一个"对象大小"均为 48 的正圆，然后选择工具箱中的渐变填充工具，填充"类型"为"射线"、起点色块的颜色为黑色（C：0；M：0；Y：0；K：100）、终点色块的颜色为灰色（C：0；M：0；Y：0；K：60）的渐变色，并去掉轮廓，效果如图 4-182 所示。

图 4-181 绘制正圆并填充

图 4-182 绘制正圆并进行渐变填充

➡ (3) 选择工具箱中的选择工具，在刚绘制的渐变正圆上单击并向右上角拖曳至合适的位置，然后右击，移动并复制渐变正圆，效果如图 4-183 所示。

➡ (4) 选择工具箱中的贝塞尔工具，绘制一个图形，并在页面右侧调色板中的红色色块上单击，填充颜色为红色，并去掉轮廓，效果如图 4-184 所示。

图 4-183 移动并复制正圆

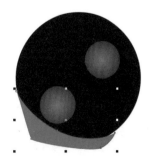

图 4-184 绘制图形

（5）使用选择工具，单击黑色的正圆，在按住 Shift 键的同时加选刚绘制的红色图形，然后执行"排列"→"造形"→"相交"命令，进行相交处理，效果如图 4-185 所示。

（6）使用选择工具，选中红色的图形，按 Delete 键，删除选中的图形，效果如图 4-186 所示。

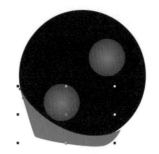 

图 4-185　相交图形　　　　　　　图 4-186　删除图形

（7）选择工具箱中的贝塞尔工具，绘制一个橙色的图形（C：0；M：55；Y：82；K：0），如图 4-187 所示。

（8）使用选择工具，单击黑色的正圆，在按住 Shift 键的同时加选橙色图形，执行"排列"→"造形"→"相交"命令，进行相交处理，然后删除橙色图形，效果如图 4-188 所示。

（9）同样的方法，绘制图形，填充相应的颜色，并进行相交操作，得到本例效果，如图 4-189 所示。

图 4-187　绘制图形　　　　　　图 4-188　相交图形　　　　　图 4-189　本例最终效果

4.4.2　焊接对象

焊接对象是指将两个或多个重叠或分离的对象焊接在一起，从而形成一个单独的对象。

焊接对象的具体操作步骤如下：

（1）选中需要焊接的对象，如图 4-190 所示。

（2）执行"排列"→"造形"→"焊接"命令，即可焊接对象，如图 4-191 所示。

图 4-190　选择需要焊接的对象　　　　图 4-191　焊接后的对象

技巧点拨

除了上述焊接对象的方法外，用户还可以使用以下两种方法焊接对象。

● 按钮：单击属性栏中的"焊接"按钮⬚，也可以焊接对象。

● 命令：执行"排列"→"造形"→"造形"命令，打开"造形"泊坞窗，在"类型"列表框中选择"焊接"选项，单击"焊接到"按钮，也可以焊接对象。使用泊坞窗焊接对象，可以任意保留或者清除"来源对象"和"目标对象"。

图 4-192　去掉轮廓

➡（3）单击页面右侧调色板中的"无"图标，去掉轮廓，效果如图 4-192 所示。

4.4.3　修剪对象

使用修剪对象功能可以将两个对象重叠的部分删除，从而达到更改对象形状的目的。修剪对象后，对象的填充等属性不会发生任何改变。

修剪对象的具体操作步骤如下：

➡（1）框选需要修剪的对象，如图 4-193 所示。

➡（2）执行"排列"→"造形"→"修剪"命令修剪对象，然后移动对象，效果如图 4-194 所示。

图 4-193　选择需要修剪的对象

图 4-194　修剪后的对象

技巧点拨

除了上述修剪对象的方法外，用户还可以使用以下两种方法修剪对象。

● 按钮：单击属性栏中的"修剪"按钮🔲，也可以修剪对象。

● 命令：执行"排列"→"造形"→"造形"命令，打开"造形"泊坞窗，在"类型"列表框中选择"修剪"选项，单击"修剪"按钮，也可以修剪对象。

4.4.4　相交对象

使用相交对象功能可以在两个或者两个以上图形对象的交叠处生成一个新的对象。

相交对象的具体操作步骤如下：

➡（1）选中需要相交的对象（本例先选中灰色的圆角矩形，再加选渐变群组对象），如图 4-195 所示。

图 4-195　选择需要相交的对象

➡（2）执行"排列"→"造形"→"相交"命令，即可相交对象，删除原渐变群组对象，效果如图 4-196 所示。

图 4-196　相交后的对象

技巧点拨

除了上述相交对象的方法外，用户还可以使用以下两种方法相交对象。

● 按钮：单击属性栏中的"相交"按钮🔲，也可以相交对象。

● 命令：执行"排列"→"造形"→"造形"命令，打开"造形"泊坞窗，在"类型"列表框中选择"相交"选项，单击"相交对象"按钮，也可以相交对象。

4.4.5 简化对象

使用简化对象功能可以减去两个或多个重叠对象的交集部分，并保留原始对象。

简化对象的具体操作步骤如下：

➲（1）框选需要简化的对象，如图 4-197 所示。

➲（2）执行"排列"→"造形"→"简化"命令，即可简化对象，效果如图 4-198 所示。

图 4-197　选择需要简化的对象

图 4-198　简化后的对象

技巧点拨

除了上述简化对象的方法外，用户还可以使用以下两种方法简化对象。

● 按钮：单击属性栏中的"简化"按钮，也可以简化对象。

● 命令：执行"排列"→"造形"→"造形"命令，打开"造形"泊坞窗，在"类型"列表框中选择"简化"选项，单击"应用"按钮，也可以简化对象。

4.4.6 移除后面对象

使用移除后面对象功能可以减去最上层对象下的所有图形对象（包括重叠与不重叠的图形对象），还可以减去下层对象与上层对象的重叠部分，只保留最上层对象中剩余的部分。

移除后面对象的具体操作步骤如下：

➲（1）打开本书配套素材中的 4-199 素材，如图 4-199 所示，选择需要移除后面的对象。

➲（2）执行"排列"→"造形"→"前减后"命令，即可移除后面的对象，效果如图 4-200 所示。

图 4-199　选择需要移除后面的对象

图 4-200　移除后面对象

技巧点拨

除了上述移除后面对象的方法外，用户还可以使用以下两种方法移除后面对象。

● 按钮：单击属性栏中的"前减后"按钮，也可以移除后面对象。

● 命令：执行"排列"→"造形"→"造形"命令，打开"造形"泊坞窗，在"类型"列表框中选择"前减后"选项，单击"应用"按钮，也可以移除后面对象。

4.4.7 移除前面对象

移除前面对象与移除后面对象在功能上正好相反，使用移除前面对象功能可以减去上面图层中所有的图形对象以及上层对象与下层对象重叠的部分，而只保留最下层对象中剩余的部分。

移除前面对象的具体操作步骤如下：

➡（1）以 4-199 素材为例，框选需要移除前面的对象，如图 4-201 所示。

➡（2）执行"排列"→"造形"→"后减前"命令，即可移除前面的对象，效果如图 4-202 所示。

图 4-201　选择需要移除前面的对象　　　图 4-202　移除前面后的对象

除了上述移除前面对象的方法外，用户还可以使用以下两种方法移除前面对象。

● 单击属性栏中的"后减前"按钮，也可以移除前面对象。

● 执行"排列"→"造形"→"造形"命令，打开"造形"泊坞窗，在"类型"列表框中选择"后减前"选项，单击"应用"按钮，也可以移除前面对象。

4.4.8　边界对象

边界对象功能是 CorelDRAW X6 新增的功能，使用该功能可以得到上层对象与下层对象不重叠部分的轮廓线，且同时保留上层和下层对象，另外得到的轮廓线可以更改轮廓颜色。

边界对象的具体操作步骤如下：

➡（1）以 4-199 素材为例，框选需要边界的对象，执行"排列"→"造形"→"边界"命令，即可得到边界的对象，如图 4-203 所示。

➡（2）在页面右侧调色板中的青色色块上右击，更改轮廓颜色，如图 4-204 所示。

图 4-203　边界后的对象　　　图 4-204　更改轮廓颜色后的效果

除了上述边界对象的方法外，用户还可以使用以下两种方法边界对象。

● 单击属性栏中的"创建边界"按钮，也可以边界对象。

● 执行"排列"→"造形"→"造形"命令，打开"造形"泊坞窗，在"类型"列表框中选择"边界"选项，单击"应用"按钮，也可以边界对象。

4.5　精确剪裁图框

在 CorelDRAW X6 中进行图形编辑、版式安排等实际操作时，"图框精确剪裁"命令是经常用到的一项很重要的功能。使用"图框精确剪裁"命令可以将对象置入到目标对象的容器内部，使对象按目标对象的外形进行精确的裁剪。

4.5.1 案例精讲——绘制手提袋

最终效果图

❤ 案例说明

　　本例将制作效果如图 4-205 所示的手提袋，主要练习矩形工具、"图框精确剪裁"命令、钢笔工具等的使用方法。

平面效果　　　　立体效果

图 4-205　实例的最终效果

操作步骤：

　　➡（1）选择工具箱中的矩形工具，绘制一个"对象大小"分别为 150 和 201 的矩形，然后选择工具箱中的填充工具，填充颜色为桃红色（C：2；M：70；Y：18；K：0），并去掉轮廓，效果如图4-206所示。

　　➡（2）按 Ctrl ＋ I 组合键，导入本书配套素材中的 4-207 素材，并调整位置，如图 4-207 所示。

图 4-206　绘制矩形并填充　　　图 4-207　导入素材

　　➡（3）执行"效果"→"图框精确剪裁"→"放置在容器中"命令，将鼠标指针移至页面中的矩形上，此时鼠标指针呈黑色箭头形状➡，如图 4-208 所示。

　　➡（4）单击鼠标左键，将导入的素材置于矩形容器中，效果如图 4-209 所示。

图 4-208　鼠标形状　　　图 4-209　将导入的素材置于容器中

（5）导入本书配套素材中的 4-210 素材，并调整位置，得到本例的平面效果，如图 4-210 所示。

（6）选择工具箱中的钢笔工具，绘制一个三角形，并填充颜色为桃红色（C：2；M：63；Y：16；K：0），去掉轮廓，效果如图 4-211 所示。

图 4-210　本例的平面效果　　　图 4-211　绘制三角形

（7）使用钢笔工具绘制图形，然后使用渐变填充工具填充"边界"为 38、"从"为深桃红色（C：24；M：77；Y：33；K：0）、"到"为桃红色（C：2；M：70；Y：18；K：0）的线性渐变，并去掉轮廓，效果如图 4-212 所示。

（8）使用钢笔工具绘制图形，然后使用渐变填充工具填充"角度"为 197.9、"边界"为 38、"从"为深桃红色（C：24；M：77；Y：33；K：0）、"到"为桃红色（C：2；M：70；Y：18；K：0）的线性渐变，并去掉轮廓，效果如图 4-213 所示。

图 4-212　绘制图形并进行渐变填充　　　图 4-213　绘制图形并进行渐变填充

（9）选择工具箱中的椭圆形工具，绘制两个"对象大小"均为 5.927 的正圆，并填充颜色为 60% 灰色，轮廓颜色为 30% 灰色、轮廓大小为 0.5，效果如图 4-214 所示。

（10）选择工具箱中的 3 点曲线工具，绘制一条曲线，其中轮廓颜色为 30% 灰色、轮廓大小为 2.5，效果如图 4-215 所示。

图 4-214　绘制两个正圆　　　图 4-215　绘制曲线

（11）执行"编辑"→"复制"命令复制曲线，执行"编辑"→"粘贴"命令粘贴复制的曲线，执行"排列"→"顺序"→"到图层后面"命令将曲线置于最底层，然后使用选择工具向右调整曲线的位置，得到本例的立体效果，如图 4-216 所示。

图 4-216　本例的立体效果

4.5.2 将图片放在容器中

将图片放在容器中有两种方法，即使用菜单命令创建图框精确剪裁效果和手动创建图框精确剪裁效果。

1.使用菜单命令创建图框精确剪裁效果

使用菜单命令创建图框精确剪裁效果的具体操作步骤如下：

（1）选择需要创建图框精确剪裁效果的对象，如图4-217所示。

（2）执行"效果"→"图框精确剪裁"→"放置在容器中"命令，将鼠标指针移至页面中的矩形上，此时鼠标指针呈黑色箭头形状➡，如图4-218所示。

（3）单击鼠标左键，图像就会自动置于另一个容器中，效果如图4-219所示。

图4-217 选择需要创建图框精确剪裁的对象　　图4-218 鼠标指针的形状　　图4-219 将对象置于容器中

2.手动创建图框精确剪裁效果

手动创建图框精确剪裁效果的具体操作步骤如下：

（1）用鼠标右键拖曳内置对象置于容器对象上，此时会出现一个灰色矩形框，鼠标指针呈圆圈十字架形状⊕，如图4-220所示。

图4-220 出现灰色矩形框

（2）释放鼠标，弹出快捷菜单，选择"图框精确剪裁内部"命令，如图4-221所示。

（3）这样即可将图像自动置于另一个容器中，效果如图4-222所示。

图4-221 选择"图框精确剪裁内部"命令　　图4-222 将对象置于容器中

4.5.3 编辑剪裁内容

将对象精确剪裁后，用户还可以对容器内的对象进行缩放、旋转和位置等的调整。

编辑剪裁内容的具体操作步骤如下：

（1）在上一个案例的基础上，使用选择工具选中图框精确剪裁对象，如图4-223所示。

（2）执行"效果"→"图框精确剪裁"→"编辑内容"命令，进入容器内部，容器对象变成浅色的轮廓，内置的对象会被完整地显示出来，如图4-224所示。

图4-223 选中图框精确剪裁对象　　图4-224 编辑内容对象时的显示

除了上述进入容器内部的方法外，用户还可以使用以下两种方法。

● 按钮：单击页面中的"编辑内容"按钮 📤 。

● 快捷菜单：在页面中的图框精确剪裁对象上右击，在弹出的快捷菜单中选择"编辑内容"命令。

➡ （3）对内置对象进行修改（如镜像、旋转、移动等操作），然后执行"效果"→"图框精确剪裁"→"结束编辑"命令，即可结束对内置对象的编辑操作，效果如图 4-225 所示。

图 4-225　编辑完成后的效果

除了上述结束对内置对象编辑的方法外，用户还可以使用以下两种方法。

● 按钮：单击页面中的"停止编辑内容"按钮 📤 。

● 快捷菜单：在页面中的图框精确剪裁对象上右击，在弹出的快捷菜单中选择"结束编辑"命令。

4.5.4　复制剪裁内容

用户可以使用复制内置对象功能将一个图框精确剪裁对象的内置内容应用到另一个容器中。

复制剪裁内容的具体操作步骤如下：

➡ （1）选择一个图形作为容器，如图 4-226 所示。

➡ （2）执行"效果"→"复制效果"→"图框精确剪裁自"命令，此时鼠标指针呈黑色箭头形状 ➡ ，单击要复制的图框精确剪裁对象，即可完成内置对象的复制，效果如图 4-227 所示。

图 4-226　选择新容器

图 4-227　复制内置对象

4.5.5　锁定剪裁内容

根据设计的需要，用户可以将图框精确剪裁对象的内置对象锁定，这样可以控制内置对象与容器的交互作用。

锁定剪裁内容的具体操作步骤如下：

➡ （1）选择图框精确剪裁后的对象，在页面中单击"锁定内容"按钮 📤 ，如图 4-228 所示。

➡ （2）锁定后，当移动、旋转、缩放和倾斜图框精确剪裁对象时，内置对象也会做同样的修改，如图 4-229 所示（该图为缩放操作后的效果）。

图 4-228　单击"锁定内容"按钮

图 4-229　锁定剪裁对象

除了上述锁定剪裁内容的方法外，用户还可以使用以下两种方法。

● 命令：执行"效果"→"图框精确剪裁"→"锁定图框精确剪裁内容"命令。

● 快捷菜单：在页面中的图框精确剪裁对象上右击，在弹出的快捷菜单中选择"锁定图框精确剪裁内容"命令。

锁定内置对象后，如果要重新进行编辑，则需要对内置对象解锁，方法是右击图框精确剪裁对象，在弹出的快捷菜单中选择"解锁图框精确剪裁内容"命令。解锁后，移动、旋转、缩放和倾斜图框精确剪裁对象时，内置对象保持不变。

4.5.6 提取内置对象

用户可以将图框精确剪裁对象的内置对象从容器中提取出来，使之成为独立的对象。

提取内置对象的具体操作步骤如下：

➲（1）在上一个案例的基础上，选择需要提取内置对象的图框精确剪裁对象，如图 4-230 所示。

➲（2）执行"效果"→"图框精确剪裁"→"提取内容"命令，即可将内置对象提取出来，移动内置对象，容器呈 × 状态显示，如图 4-231 所示。

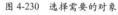

图 4-230　选择需要的对象

图 4-231　提取内置对象

除了上述提取内置对象的方法外，用户还可以使用以下两种方法。

● 按钮：单击页面中的"提取内容"按钮 。

● 快捷菜单：在页面中的图框精确剪裁对象上右击，在弹出的快捷菜单中选择"提取编辑"命令。

4.6 拓展应用——绘制鼠标

练习绘制鼠标，最终效果如图 4-232 所示。本例首先使用贝塞尔工具、形状工具、渐变填充工具制作出鼠标的主体部分，然后使用椭圆形工具、贝塞尔工具、渐变填充工具制作出鼠标的按键部分，最后使用贝塞尔工具、渐变填充工具等制作出鼠标线。

图 4-232　鼠标

制作鼠标的主要步骤如下：

（1）使用工具箱中的贝塞尔工具、形状工具、渐变填充工具制作出鼠标的主体部分，如图 4-233 所示。

（2）使用工具箱中的椭圆形工具、贝塞尔工具、渐变填充工具制作出鼠标的按键部分，如图 4-234 所示。

（3）使用贝塞尔工具、渐变填充工具、"到图层后面"命令制作出鼠标线，如图 4-235 所示。

图 4-233　鼠标的主体部分

图 4-234　鼠标的按键部分

图 4-235　鼠标线

4.7 ｜ 边学边练——绘制巧克力盒

使用钢笔工具、渐变填充工具绘制出如图 4-236 所示的巧克力盒。

图 4-236　巧克力盒

第5章

对象的填充与轮廓线的编辑

色彩是一把打开消费者心灵的钥匙，成功的陈列色彩设计不仅能吸引消费者的目光，更可以向消费者传达商品的信息。色彩的运用是否合理，是判断一件作品是否成功的关键所在，要很好地应用色彩，就需要掌握调配颜色和填充颜色的方法，本章将为读者详细介绍。

5.1　标准填充颜色

在 CorelDRAW X6 中绘制图形对象后，主要通过填充来完成图形对象的色彩设计，以更好地展示图形的美观性。标准填充是最简单的色彩填充方式，它也是最基础的色彩填充方式。接下来将详细地向用户介绍为图形对象填充基本颜色的方法。

5.1.1　案例精讲——标志设计

 案例说明

本例将制作效果如图 5-1 所示的标志设计，主要练习贝塞尔工具、填充工具、"旋转"面板、文本工具等的使用方法。

最终效果图

图 5-1　实例的最终效果

操作步骤：

（1）选择工具箱中的贝塞尔工具，在"对象位置"的 X 为 59.073、Y 为 56.762 处绘制一个图形，如图 5-2 所示。

（2）选择工具箱中的填充工具 ，弹出"均匀填充"对话框，设置颜色为红色（C：0；M：0；Y：100；K：0），单击"确定"按钮，填充颜色，并右击页面右侧调色板中的"无"图标，去掉轮廓，效果如图 5-3 所示。

图 5-2　绘制图形　　　图 5-3　填充图形

（3）执行"排列"→"变换"→"旋转"命令，打开"变换"泊坞窗中的"旋转"面板，设置各选项如图 5-4 所示。

（4）单击"应用"按钮，精确地旋转并复制对象，效果如图 5-5 所示。

图 5-4　设置"旋转"面板　　图 5-5　精确地旋转并复制对象

（5）使用贝塞尔工具绘制小屋图形，并填充颜色为嫩绿色（C：53；M：0；Y：100；K：0），去掉轮廓，效果如图 5-6 所示。

（6）使用贝塞尔工具绘制一条曲线，在属性栏中设置"轮廓宽度"为2，并右击页面右侧调色板中的红色色块，更改轮廓属性，效果如图 5-7 所示。

图 5-6　绘制小屋图形

图 5-7　绘制曲线

（7）使用贝塞尔工具绘制其他直线和曲线，设置"轮廓宽度"为0.5、颜色为红色（C：0；M：0；Y：100；K：0），效果如图 5-8 所示。

（8）使用贝塞尔工具绘制其他图形，填充颜色为红色，并去掉轮廓，效果如图 5-9 所示。

图 5-8　绘制直线和曲线

图 5-9　绘制图形

（9）选择工具箱中的文本工具 🖫，输入文本"馨轩阳光花园"，然后选中文本，在属性栏中设置字体为"方正胖鱼头简体"、文本大小为68.295。双击状态栏中的填充图标 ，弹出"均匀填充"对话框，设置"颜色"为嫩绿色（C：53；M：0；Y：100；K：0），单击"确定"按钮，更改文字颜色，效果如图 5-10 所示。

（10）同样的方法，输入其他文本，并设置字体、大小、颜色和位置，得到本例效果，如图 5-11 所示。

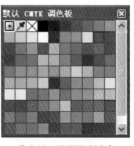

图 5-10　输入文本

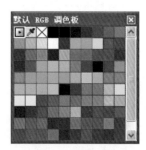

图 5-11　本例最终效果

5.1.2　使用调色板填色

调色板上的色彩变化无限，通过调色板为对象填充颜色是最快捷的一种填充方法。使用调色板不仅可以在对象内部填充颜色，还可以改变对象轮廓线的颜色。

在 CorelDRAW X6 中预置了十几个调色板，可通过执行"窗口"→"调色板"中的子菜单命令将其打开，其中最常使用的是默认的 CMYK 调色板（如图 5-12 所示）和默认的 RGB 调色板（如图 5-13 所示）。

图 5-12　CMYK 调色板

图 5-13　RGB 调色板

专家提醒

在绘图页面中可以同时显示多个调色板，并可以使调色板作为独立的窗口浮动在绘图页面上方，用户也可以根据需要打开、移动、自定义、设置和关闭调色板。

使用调色板填充颜色的具体操作步骤如下：

🔽（1）使用选择工具选中需要填充的图形，如图 5-14 所示。

🔽（2）将鼠标指针移至页面右侧调色板中的绿色色块上，如图 5-15 所示。

🔽（3）单击鼠标左键，即可使用调色板填色，效果如图 5-16 所示。

图 5-14　选中需要填充的图形

图 5-15　确认鼠标位置

图 5-16　使用调色板填色

技巧点拨

用户也可以将调色板中的颜色拖曳到目标对象上，当鼠标指针呈 ▪ 形状时松开，即可完成对对象的填充。

5.1.3　使用自定义标准填色

虽然 CorelDRAW X6 拥有多达十几个默认的调色板，但相对于数量上百万的可用颜色来说，也只是其中很少的一部分。如果要在填充对象时自定义对象的均匀填充色，可使用"均匀填充"对话框来完成，用户只需在对话框的颜色选择区域中单击，即可选择颜色。

使用自定义标准填色的具体操作步骤如下：

➡（1）使用选择工具选择需要设置填充颜色的对象，展开工具箱中的填充工具组，选择颜色工具或按 Shift ＋ F11 组合键，如图 5-17 所示。

➡（2）弹出"均匀填充"对话框，切换至"模型"选项卡，在颜色选择框中单击确定所选的颜色为绿色，如图 5-18 所示。

图 5-17　选择均匀填充工具

图 5-18　"均匀填充"对话框

专家提醒

"均匀填充"对话框中主要选项的含义如下。

● "模型"选项卡：用于选择需要的色彩模式，可以任意选择所需的色彩对图形进行填充。

● "混和器"选项卡：用于在一组特定的颜色中进行颜色的调配。用户可以拖曳混和器滑杆选择任意的颜色，也可以在色彩变化显示表中选择所需要的色彩。

● "调色板"选项卡：与"混和器"选项卡基本相似，但它比"混和器"选项卡多了"淡色"滑动条，"组件"值只显示目前所选颜色的数值，不能被自由编辑。

（3）单击"确定"按钮，即可将选择的图形对象填充为绿色，如图 5-19 所示。

图 5-19　填充颜色

5.1.4　使用"颜色"泊坞窗填色

除了使用标准填充方式为对象填充颜色外，用户还可以使用"颜色"泊坞窗方便地为对象填充颜色，并且在"颜色"泊坞窗中可以设置颜色的属性。

使用"颜色"泊坞窗填充颜色的具体操作步骤如下：

（1）使用选择工具选择需要进行填充的图形对象，如图 5-20 所示。

（2）执行"窗口"→"泊坞窗"→"颜色"命令，打开"颜色"泊坞窗，如图 5-21 所示。

图 5-20　选择需要填充的图形

图 5-21　"颜色"泊坞窗

（3）在"颜色"泊坞窗中设置各参数，如图 5-22 所示。用户可以拖曳颜色滑块调节出需要的颜色，也可以直接在色值文本框中输入颜色的色值。

（4）单击"填充"按钮，即可将设置的颜色填充到选择的图形对象中，如图 5-23 所示。

图 5-22　设置参数

图 5-23　填充颜色

5.1.5　使用滴管工具和油漆桶工具填充

配合使用工具箱中的滴管工具和油漆桶工具，可以将一个对象中的颜色复制到另一个对象中。使用这种取色方式，滴管工具会记录源对象的填充属性，包括标准填充、渐变填充、图案填充、底纹填充、PostScript 填充以及位图的颜色，然后可使用油漆桶工具为目标对象进行相同的填充，类似于直接复制源对象的填充。

使用滴管工具和油漆桶工具填充颜色的具体操作步骤如下：

➡（1）选择工具箱中的滴管工具 ，将鼠标指针移至绘图页面中的上嘴唇处，单击选取颜色，如图 5-24 所示。

➡（2）切换至油漆桶工具，将鼠标指针移至绘图页面中的下嘴唇处，单击填充桃红色，如图 5-25 所示。

图 5-24　选取颜色

图 5-25　填充图形

技巧点拨

在使用吸管工具和油漆桶工具时，按住 Shift 键，可以快速切换。

5.1.6　取消填充图形

如果用户对选择图形所填充的颜色不满意，可以将填充的颜色取消。

取消填充图形的具体操作步骤如下：

➡（1）在绘图页面中选择需要取消填充的图形。

➡（2）在调色板中单击无填充色块 ⊠，如图 5-26 所示，即可取消图形的填充，如图 5-27 所示。

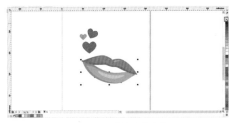

图 5-26　单击无填充色块

图 5-27　取消图形的填充

5.2　复杂填充对象

颜色的复杂填充包括渐变填充、开放式填充、图案填充、底纹填充、交互式填充以及智能填充等，使用这些填充可以制作出丰富多彩的图形效果。

5.2.1　案例精讲——个性信纸

最终效果图

♥ 案例说明

本例将制作效果如图 5-28 所示的个性信纸，主要练习导入素材、调整图层顺序等的方法。

图 5-28　实例的最终效果

操作步骤：

➡ （1）新建一个空白页面，按 Ctrl ＋ I 组合键，分别导入本书配套素材中的 5-29（a）、5-29（b）素材，调整至合适的位置，如图 5-29 所示。

➡ （2）选择工具箱中的手绘工具，结合 Shift 键，绘制一条直线，在属性栏中设置"轮廓宽度"为 0.5，然后在页面右侧调色板中的 20% 灰色色块上右击，更改轮廓颜色，效果如图 5-30 所示。

图 5-29　导入素材　　　　　　　　　　图 5-30　绘制直线

🔽 （3）在按住 Shift 键的同时，向下拖曳直线至合适的位置，然后右击，向下移动并复制直线，效果如图 5-31 所示。

🔽 （4）按多次 Ctrl ＋ D 组合键，再制直线，效果如图 5-32 所示。

🔽 （5）使用选择工具，分别选择风景图像和花朵图像，按 Ctrl ＋ Home 组合键，调整对象至最顶层，得到本例效果，如图 5-33 所示。

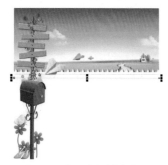

图 5-31　向下移动并复制直线　　　　　图 5-32　再制直线　　　　　图 5-33　本例最终效果

5.2.2　渐变填充

在 CorelDRAW X6 中提供了 4 种渐变填充类型，即线性渐变、射线渐变、圆锥渐变和方角渐变。

1．线性渐变

CorelDRAW X6 的默认渐变填充为线性渐变，使用工具箱中的渐变填充工具，可以为选择的对象应用双色渐变填充或自定义渐变填充。

线性渐变填充的具体操作步骤如下：

🔽 （1）在绘图页面中选择需要进行线性渐变填充的图形，如图 5-34 所示。

🔽 （2）展开工具箱中的填充工具组，选择渐变填充工具或按 F11 键，弹出"渐变填充"对话框，单击"从"下拉列表框右侧的下三角按钮，在弹出的下拉列表框中单击"其他"按钮，如图 5-35 所示。

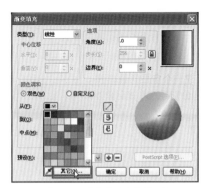

图 5-34 选择需要进行线性渐变填充的图形 　　　图 5-35 "渐变填充"对话框

专家提醒

　　　在"渐变填充"对话框中，默认以选择对象的颜色作为渐变的起始颜色，以白色作为渐变的终止颜色。

　　⬇（3）弹出"选择颜色"对话框，设置颜色如图 5-36 所示。

　　⬇（4）单击"确定"按钮，设置"从"的颜色为普蓝。然后参照上述方法，设置"到"的颜色为蓝色（C：82；M：40；Y：38；K：0），如图 5-37 所示。

　　⬇（5）单击"确定"按钮，即可为选择的图形对象进行线性渐变填充，如图 5-38 所示。

 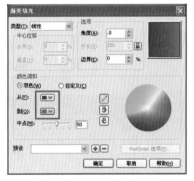 

图 5-36 "选择颜色"对话框 　　图 5-37 "渐变填充"对话框 　　图 5-38 线性渐变填充

专家提醒

　　　"渐变填充"对话框中的主要选项含义如下。
- "类型"下拉列表框：用于设置渐变的填充方式，如线性、射线、圆锥、方角。
- "角度"数值框：用于选择分界线的角度，取值范围为 -360 ～ 360。
- "步长"数值框：用于设置渐变的阶层数，默认数值为 256，数值越大，渐变的层次越多，表现得越细腻。
- "边界"数值框：用于设置边缘的宽度，取值范围为 0 ～ 49，数值越大，每一种颜色相邻的边缘越清晰。
- "中心位移"选项区：在使用射线、圆锥和方角等有填充中心点的方式进行渐变填充时，可以通过该选项区改变渐变的色彩中心点的水平、垂直位置。
- "颜色调和"选项区：在该选项区中选中"双色"单选按钮，可以在"从"和"到"下拉列表框中设置两种基色；选中"自定义"单选按钮，用户可以在渐变颜色条中的合适位置双击添加适当数量的控制点，并为每个控制点设置相应的颜色；"中点"文本框用于设置两种颜色之间的中心点位置。

2．射线渐变

射线渐变填充的操作方法和线性渐变填充的操作方法类似，不同的是，在"渐变填充"对话框的"中心位移"选项区中各选项将被激活，可以精确地对渐变填充的中心位置进行设置。

射线渐变填充的具体操作步骤如下：

➡（1）选择需要进行射线渐变填充的图形对象，在工具箱中选择渐变填充工具，弹出"渐变填充"对话框，在"类型"下拉列表框中选择"射线"，并设置各选项，如图5-39所示。

➡（2）单击"确定"按钮，即可对图形对象进行射线渐变填充，如图5-40所示。

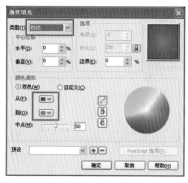

图 5-39　设置各选项

图 5-40　射线渐变填充

3．圆锥渐变

圆锥渐变填充是指图形上的颜色就像光线落在圆锥上的效果。

圆锥渐变填充的具体操作步骤如下：

➡（1）选择需要进行圆锥渐变填充的图形对象，然后选择工具箱中的渐变填充工具，弹出"渐变填充"对话框，在"类型"下拉列表框中选择"圆锥"，并设置各选项，如图5-41所示。

➡（2）单击"确定"按钮，即可为图形进行圆锥渐变填充，如图5-42所示。

图 5-41　设置各选项

图 5-42　圆锥渐变填充

4．方角渐变

为图形填充方角渐变后，对象的渐变填充色将以同心方形的形式从对象中心向外扩散。

方角渐变填充的具体操作步骤如下：

➡（1）选择需要进行方角渐变填充的图形对象，然后选择工具箱中的渐变填充工具，弹出"渐变填充"对话框，在"类型"下拉列表框中选择"方角"，并设置各选项，如图5-43所示。

➡（2）单击"确定"按钮，即可为选择的图形进行方角渐变填充，如图5-44所示。

图 5-43　"渐变填充"对话框

图 5-44　方角渐变填充

5.2.3　开放式填充

CorelDRAW X6 在默认状态下只能对封闭的曲线填充颜色，若要使开放的曲线也能填充颜色，就必须更改工具选项设置。

开放式填充的具体操作步骤如下：

⬇（1）选中需要开放式填充的图形，如图 5-45 所示。

⬇（2）执行"工具"→"选项"命令，弹出"选项"对话框，依次展开"文档"→"常规"结构树，在右侧的"常规"选项区中选中"填充开放式曲线"复选框，如图 5-46 所示。

⬇（3）单击"确定"按钮，即可对开放式曲线填充颜色，然后去掉轮廓，效果如图 5-47 所示。

图 5-45　选中需要开放式填充的图形　　　图 5-46　选中"填充开放式曲线"复选框　　　图 5-47　填充开放式曲线的效果

5.2.4　图案填充

CorelDRAW X6 提供了预设图案填充，可以直接应用于对象，用户也可以自行创建图样填充。CorelDRAW 提供了 3 种图案填充模式，分别是双色、全色和位图模式。

1．双色填充

双色填充实际上是为简单的图案设置不同的前景色和背景色形成的填充效果，可以通过对前部和后部的颜色进行设置来修改双色图样的颜色。

双色填充的具体操作步骤如下：

⬇（1）选中需要双色填充的图形，如图 5-48 所示。

⬇（2）展开工具箱中的填充工具组，选择图样填充工具，弹出"图样填充"对话框，设置各选项如图 5-49 所示，其中，"前部"的颜色为青色。

⬇（3）单击"确定"按钮，即可对对象进行双色填充，然后去掉轮廓，效果如图 5-50 所示。

图 5-48　选中需要双色填充的图形　　　图 5-49　"图样填充"对话框　　　图 5-50　双色填充

2．全色填充

全色填充可以由矢量图案和线描样式图形生成，也可通过装入图像的方式填充为位图图案。使用全色填充可以将很丰富的图案置入到对象中，产生各种精美的图案效果。

全色填充的具体操作步骤如下：

➡（1）展开工具箱中的填充工具组，选择图样填充工具，弹出"图样填充"对话框，选择如图5-51所示的图案。

➡（2）单击"确定"按钮，即可对对象进行全色填充，然后去掉轮廓，效果如图5-52所示。

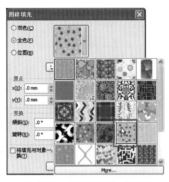

图 5-51　"图样填充"对话框　　　　　　　图 5-52　全色填充

3．位图填充

位图填充是指用位图图像进行填充，其复杂性取决于大小、图像分辨率和位图深度等。

位图填充的具体操作步骤如下：

➡（1）展开工具箱中的填充工具组，选择图样填充工具，弹出"图样填充"对话框，选择如图5-53所示的位图图像。

➡（2）单击"确定"按钮，即可对对象进行位图填充，然后去掉轮廓，效果如图5-54所示。

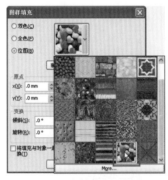

图 5-53　"图样填充"对话框　　　　　　　图 5-54　位图填充

5.2.5　底纹填充

底纹填充即纹理填充，它是随机生成的填充，将模拟的各种材料底纹、材质或纹理填充到对象中，同时，还可以修改、编辑这些纹理的属性。CorelDRAW X6为用户提供了300多种底纹样式，有水彩类、石材类等图案，可以在"底纹列表"中进行选择。

底纹填充的具体操作步骤如下：

➡（1）展开工具箱中的填充工具组，选择底纹填充工具，弹出"底纹填充"对话框，设置各选项如图5-55所示，其中，"亮度"为黑色。

➡（2）单击"确定"按钮，即可对对象进行底纹填充，然后去掉轮廓，效果如图5-56所示。

图 5-55　"底纹填充"对话框　　　　　　　图 5-56　底纹填充

5.2.6 PostScript 填充

PostScript 填充是用由 PostScript 语言实现的一种底纹进行填充。因为有些底纹非常复杂，所以包含底纹填充对象的打印或者屏幕更新的时间较长，填充可能不显示，这取决于使用的视图模式。

PostScript 填充的具体操作步骤如下：

➔（1）展开工具箱中的填充工具组，选择 PostScript 填充工具，弹出 "PostScript 底纹" 对话框，设置各选项如图 5-57 所示。

➔（2）单击 "确定" 按钮，即可对对象进行 PostScript 填充，然后去掉轮廓，效果如图 5-58 所示。

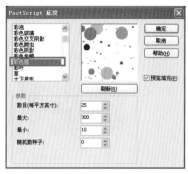

图 5-57 "PostScript 底纹" 对话框

图 5-58 PostScript 底纹填充

5.2.7 交互式填充

使用交互式填充工具可以进行标准填充、双色图样填充、全色图样填充、位图图样填充、底纹填充和 PostScript 填充等。交互式填充工具 ■ 实际是对以上各种填充工具集合后的快捷方式，它的操作方式非常灵活，只需要选取需要的图形，然后在属性栏的选项下拉列表框中选择需要的填充模式即可，如图 5-59 所示，其属性栏中将显示与之对应的属性选项。

图 5-59 交互式填充工具的填充方式

交互式填充的具体操作步骤如下：

➔（1）在绘图页面中选择需要进行交互式填充的图形，如图 5-60 所示。

➔（2）展开工具箱中的交互式填充工具组，选择交互式填充工具 ■，在属性栏中设置各选项，如图 5-61 所示，其中，"起点填充挑选器" 为蓝色、"最终填充挑选器" 为青色。

图 5-60 选择需要交互式填充的图形

图 5-61 设置属性栏

 用户也可以按 G 键调用交互式填充工具。

⊘（3）此时即可交互式填充图形，效果如图 5-62 所示。

⊘（4）将鼠标指针移至页面中线性控制线的中心点，向左拖曳鼠标，即可调整线性渐变填充中心点，如图 5-63 所示。

⊘（5）用户也可以用鼠标拖曳线性控制线上的起点控制柄和终点控制柄来调整线性渐变的位置，效果如图 5-64 所示。

图 5-62　交互式填充图形

图 5-63　调整线性渐变填充中心点

图 5-64　调整线性渐变的位置

5.2.8　交互式网状填充

　　使用交互式网状填充工具可以为对象应用复杂多变的网状填充效果，它通过在对象上建立网格，然后在各个网格点上填充不同的颜色来得到一种特殊的填充效果。各个网格点上所填充的颜色会相互渗透、混合，能使填充物更加自然、有层次感。

　　交互式网状填充的具体操作步骤如下：

➡（1）选择需要进行交互式网状填充的图形，如图 5-65 所示。

➡（2）展开工具箱中的交互式填充工具组，选择交互式网状填充工具，在属性栏中设置网格大小，参数设置如图 5-66 所示，然后按回车键添加网格。

图 5-65　绘制圆

图 5-66　设置属性栏

⊘（3）使用选择工具框选如图 5-67 所示的网点，然后在调色板中单击蓝色色块，即可为该网点周围填充蓝色的晕染颜色，如图 5-68 所示。

⊘（4）同样的方法，选中相应的网点并填充相应的晕染颜色，去掉轮廓，效果如图 5-69 所示。

图 5-67　框选网格

图 5-68　填充颜色

图 5-69　填充其他的颜色

5.2.9　智能填充图形

使用智能填充工具可以将填充应用于通过重叠对象创建的区域。

智能填充图形的具体操作步骤如下：

（1）选择工具箱中的智能填充工具，在属性栏中设置各选项，如图 5-70 所示。

（2）移动鼠标指针至页面中两个圆形的重叠处，单击即可智能填充颜色，效果如图 5-71 所示。

（3）同样的方法，设置相应的颜色并在相应的位置单击，填充颜色，如图 5-72 所示。

图 5-70　设置属性栏

图 5-71　智能填充颜色

图 5-72　填充颜色

5.3 | 轮廓线的编辑

轮廓线在图形对象的构成中占有很重要的位置，是一个图形对象的边缘，与颜色、大小一样都属于对象的属性。

5.3.1　案例精讲——绘制五角星

最终效果图

案例说明

　　本例将制作效果如图 5-73 所示的五角星，主要练习星形工具、"轮廓笔"对话框、矩形工具等的使用方法。

图 5-73　实例的最终效果

操作步骤：

➡ （1）按 Ctrl ＋ O 组合键，打开本书配套素材中的 5-74 素材，如图 5-74 所示。

➡ （2）选择工具箱中的星形工具 ⭐，在页面中绘制一个五角星，如图 5-75 所示。

图 5-74　打开的素材

图 5-75　绘制五角星

➡ （3）选择工具箱中的形状工具 ⬦，用鼠标左键向外拖曳五角星上的结点，调整五角星的形状，效果如图 5-76 所示。

➡ （4）在页面右侧的调色板上单击白色色块，填充颜色为白色，效果如图 5-77 所示。

图 5-76　调整五角星的形状

图 5-77　填充颜色

➡ （5）双击状态栏中的"轮廓笔"图标 ✎，弹出"轮廓笔"对话框，设置各选项如图 5-78 所示，其中，"颜色"为青蓝色（C：64；M：22；Y：9；K：0），如图 5-78 所示。

➡ （6）单击"确定"按钮，更改轮廓属性，效果如图 5-79 所示。

图 5-78　"轮廓笔"对话框

图 5-79　更改轮廓属性

➡ （7）选择工具箱中的矩形工具，绘制一个矩形，然后按 Shift ＋ F11 组合键，填充颜色为灰蓝色（C：73；M：64；Y：23；K：0），接着在页面右侧调色板中的"无"图标上右击，去掉轮廓，效果如图 5-80 所示。

➡ （8）同样的方法，绘制五角星，并填充颜色和更改轮廓，得到本例效果，如图 5-81 所示。

图 5-80　绘制矩形

图 5-81　本例最终效果

5.3.2　轮廓工具的使用

单击工具箱中的"轮廓工具"按钮 ✎，弹出如图 5-82 所示的轮廓工具的展开工具组，各工具按钮的含义如下。

● "画笔"按钮 ✎：单击该按钮，可以弹出"轮廓笔"对话框，如图 5-83 所示。

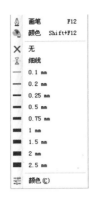

图 5-82 轮廓工具的展开工具组

图 5-83 "轮廓笔"对话框

- "颜色"按钮 ：单击该按钮，可以弹出"轮廓色"对话框，如图 5-84 所示，用于设置轮廓的颜色。
- "无"按钮 ：单击该按钮，可以去掉对象的轮廓。
- ▤——━━■■按钮组：用于设置轮廓的宽度。
- "颜色"按钮 ：单击该按钮，可以打开"颜色"泊坞窗，如图 5-85 所示，在泊坞窗中设置好颜色参数后，单击"轮廓"按钮，可以改变轮廓颜色。

图 5-84 "轮廓色"对话框

图 5-85 "颜色"泊坞窗

5.3.3 设置轮廓线的颜色

在 CorelDRAW X6 中设置轮廓颜色的方法有多种，如使用轮廓笔、调色板、"颜色"泊坞窗等。

1．使用轮廓笔设置轮廓线颜色

如果用户要自定义轮廓颜色，可以通过"轮廓笔"对话框和"轮廓色"对话框来完成。

使用"轮廓笔"对话框设置轮廓颜色的具体操作步骤如下：

➡（1）选择需要设置轮廓颜色的对象，展开轮廓工具组，单击"画笔"按钮，弹出"轮廓笔"对话框，单击"颜色"右侧的下拉按钮，在展开的颜色选取器中选择合适的颜色，如本例选择嫩绿色，如图 5-86 所示。用户也可以单击"其他"按钮，在弹出的"选择颜色"对话框中自定义轮廓颜色。

➡（2）单击"确定"按钮，即可设置轮廓的颜色，效果如图 5-87 所示。

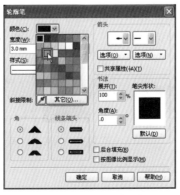

图 5-86 "轮廓笔"对话框

图 5-87 设置轮廓颜色后的效果

除了使用上述方法弹出"轮廓笔"对话框外，还可以使用以下两种方法。
- 快捷键：按 F12 键。
- 图标：双击状态栏右下角的"轮廓笔"图标 。

　　用户还可以使用"轮廓色"对话框设置轮廓颜色。展开轮廓工具组，单击"颜色"按钮或按 Shift + F12 组合键，在弹出的"轮廓色"对话框中自定义轮廓颜色。

2.使用调色板设置轮廓线颜色

　　使用选择工具选择需要设置轮廓色的对象，然后右击调色板中的色块，即可为该对象设置新的轮廓，如图 5-88 所示。若选择的对象无轮廓，则直接右击调色板中的色块，即可为对象添加指定颜色的轮廓。

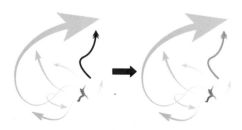

图 5-88　修改轮廓色的前后对比效果

 按住鼠标右键将调色板中的色块拖曳至对象的轮廓上，也可修改对象的轮廓颜色，如图 5-89 所示。

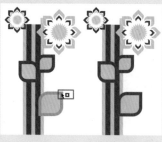

图 5-89　修改轮廓色的前后对比效果

3.使用"颜色"泊坞窗设置轮廓线颜色

　　除了使用上述方法设置轮廓颜色外，用户还可以使用"颜色"泊坞窗进行设置。

　　使用"颜色"泊坞窗设置轮廓颜色的具体操作步骤如下：

　　➡（1）选择需要设置轮廓颜色的对象，展开轮廓工具组，单击"颜色"按钮 ，或者执行"窗口"→"泊坞窗"→"颜色"命令，打开"颜色"泊坞窗，在泊坞窗内拖动滑块设置颜色数量或直接在文本框中输入所需的颜色值，如图 5-90 所示。

　　➡（2）单击"轮廓"按钮，即可设置轮廓的颜色，效果如图 5-91 所示。

图 5-90　"颜色"泊坞窗

图 5-91　设置颜色后的轮廓

5.3.4 设置轮廓线的粗细及样式

在"轮廓笔"对话框中可以设置轮廓线的粗细及样式。

设置轮廓线的粗细及样式的具体操作步骤如下：

（1）选中对象，展开轮廓工具组，单击"画笔"按钮，弹出"轮廓笔"对话框，在"宽度"下拉列表框中选择轮廓线的粗细，如图5-92所示，用户也可以在文本框中直接输入需要的轮廓宽度。

（2）单击"样式"下拉列表框，选择轮廓线的样式，如图5-93所示。

（3）单击"确定"按钮，完成轮廓线的粗细及样式的设置，效果如图5-94所示。

图5-92 选择轮廓宽度

图5-93 选择轮廓样式

图5-94 设置轮廓线的粗细及样式的效果

技巧点拨

除了使用上述方法设置轮廓宽度外，还可以使用以下两种方法设置。

● 属性栏：在属性栏的"轮廓宽度"数值框中输入所需的数值。

● 工具箱：展开轮廓工具组，单击 ————■■ 按钮组中的按钮。

除了使用上述方法设置轮廓样式外，还可以在属性栏的"轮廓样式选择器"下拉列表框中选择相应的样式。

用户在"轮廓笔"对话框中单击"编辑样式"按钮，弹出"编辑线条样式"对话框，可以自定义线条的样式，拖曳可以设置样式的终点，单击白色正方形，可以添加轮廓样式的颜色，如图5-95所示。单击"添加"按钮，可以将所编辑的样式添加到"样式"列表框中；单击"替换"按钮，则可以将以前编辑的样式替换为所选中的线条样式。

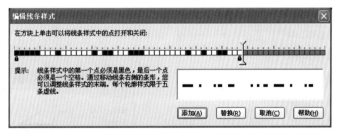

图5-95 "编辑线条样式"对话框

5.3.5 设置轮廓线的拐角和末端形状

在"轮廓笔"对话框中还可以设置轮廓线的拐角和末端形状。

设置轮廓的拐角和末端形状的具体操作步骤如下：

（1）选中对象，展开轮廓工具组，单击"画笔"按钮，弹出"轮廓笔"对话框，在"角"栏中选择需要的拐角形状，有尖角、圆角和平角3种形状；在"线条端头"栏中选择轮廓线线端的形状；在对话框右侧的"展开"及"角度"增量框中设置轮廓线的展开程度和绘制线条时笔尖与页面的角度，如图 5-96 所示。

（2）完成设置后单击"确定"按钮，即可完成轮廓线的拐角和末端形状的设置，效果如图 5-97 所示。

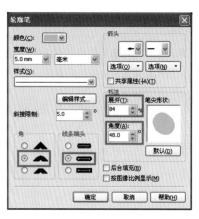

图 5-96 "轮廓笔"对话框

图 5-97 设置轮廓线拐角和末端形状后的效果

5.3.6 设置轮廓线的箭头样式

在"轮廓笔"对话框中还可以设置轮廓线的箭头样式。

设置轮廓线的箭头样式的具体操作步骤如下：

（1）选中对象，在"轮廓笔"对话框右上角的"箭头"下拉列表框中选择箭头样式即可，如图 5-98 所示。

（2）单击"确定"按钮，即可完成轮廓线的箭头样式的设置，效果如图 5-99 所示。

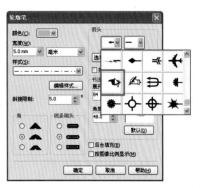

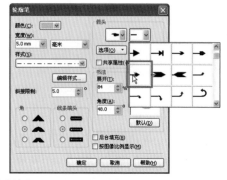

图 5-98 选择箭头样式

用户还可以在选择箭头样式后对样式进行编辑，单击"箭头"下拉列表框中的"选项"按钮，在弹出的下拉菜单中选择"新建"或"编辑"命令，弹出"箭头属性"对话框，如图 5-100 所示，设置相应的参数，可以编辑箭头的形状，完成设置后单击"确定"按钮即可。

图 5-99 设置轮廓线箭头样式后的效果

图 5-100 "箭头属性"对话框

5.3.7　设置后台填充和比例缩放

轮廓的默认位于填充对象的前面，选中"轮廓笔"对话框中的"后台填充"复选框，如图 5-101 所示，轮廓就会以 50% 的宽度位于填充对象的后面，从而加强图形对象的清晰度，图 5-102 所示为填充前后的对比效果。

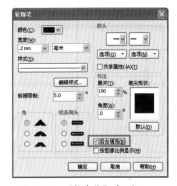

图 5-101　"轮廓笔"对话框

图 5-102　设置后台填充前后的对比效果

选中"轮廓笔"对话框中的"按图像比例显示"复选框，在对图形对象进行缩放操作时，轮廓线的粗细会随之成比例地改变；反之，轮廓线的粗细不会随对象大小的变化而变化，图 5-103 所示为填充前后的对比效果。

未选中复选框的效果

选中复选框的效果

图 5-103　对比效果

5.3.8　清除轮廓属性

清除轮廓属性有以下 4 种常用的方法。

● 图标：选择对象，直接右击页面右侧调色板中的"无"图标⊠。
● 按钮：展开轮廓工具，在工具组中单击"无"按钮。
● 选项 1：在"轮廓笔"对话框的"宽度"下拉列表框中选择"无"选项。
● 选项 2：在属性栏的"轮廓宽度"下拉列表框中选择"无"选项。

5.4　拓展应用——绘制建筑户型图

练习绘制建筑户型图，最终效果如图 5-104 所示。本例首先利用矩形工具、填充工具制作出户型图的墙体和窗户部分，然后利用矩形工具、绘图工具、图纸工具、"取消全部群组"命令和"删除"命令制作出户型图的门、地板砖部分，最后利用"导入"命令等制作户型图的家具和文字部分。

图 5-104　建筑户型图

制作建筑户型图的主要步骤如下：

（1）使用工具箱中的矩形工具、填充工具制作出户型图的墙体和窗户部分，如图 5-105 所示。

（2）使用工具箱中的矩形工具、绘图工具制作出户型图的门部分，如图 5-106 所示。

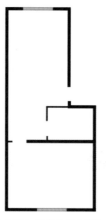
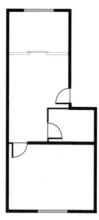

图 5-105　墙体和窗户部分　　　　　图 5-106　门

（3）使用图纸工具、"取消全部群组"命令和"删除"命令制作出户型图的地板砖部分，如图 5-107 所示。

（4）使用"导入"命令制作出户型图的家具和文字部分，如图 5-108 所示。

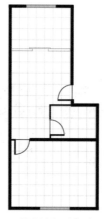

图 5-107　地板砖　　　　　图 5-108　家具和文字

5.5　边学边练——绘制节能环保灯

使用贝塞尔工具、渐变填充工具绘制如图 5-109 所示的节能环保灯。

图 5-109　节能环保灯

第 6 章

对象的特殊效果

CorelDRAW X6 拥有强大的图形编辑处理功能，不仅可以绘制出漂亮的图形，还可以为图形添加各种特殊效果，例如调和效果、轮廓图效果、立体效果、阴影效果、封套效果和透明效果等。

6.1 案例精讲——绘制笔筒

最终效果图

图 6-1 实例的最终效果

♥ 案例说明

本例将制作效果如图 6-1 所示的笔筒，主要练习钢笔工具、渐变填充工具、"向后一层"命令等的使用方法。

操作步骤：

⬇（1）选择工具箱中的钢笔工具，绘制一个图形，然后选择工具箱中的渐变填充工具，填充"角度"为 180、"边界"为 8、起点色块的颜色为橙色（R：237；G：131；B：0）、位置 23% 的颜色为橙红色（R：242；G：96；B：0）、位置 62% 为橙黄色（R：255；G：168；B：0）、位置 84% 和终点色块的颜色均为黄色（R：255；G：205；B：0）的线性渐变，并去掉轮廓，效果如图 6-2 所示。

⬇（2）同样的方法，绘制一个图形，填充"角度"为 222.7、"边界"为 30、"从"为橙色（R：246；G：161；B：0）、"到"为浅黄色（R：255；G：255；B：182）的线性渐变，并去掉轮廓，效果如图 6-3 所示。

⬇（3）绘制一个图形，填充"角度"为 222.7、"边界"为 31、"从"为橙色（R：224；G：161；B：0）、"到"为浅黄色（R：255；G：255；B：182）的线性渐变，并去掉轮廓，效果如图 6-4 所示。

图 6-2 绘制图形并渐变填充

图 6-3 绘制图形并渐变填充

图 6-4 绘制图形并渐变填充

(4) 绘制一个图形，填充起点色块和 1% 位置的颜色均为深棕色（R：131；G：40；B：0）、终点色块为棕色（R：212；G：96；B：0）的线性渐变，并去掉轮廓，效果如图 6-5 所示。

(5) 绘制一个图形，填充"角度"为 180、"边界"为 8、起点色块的颜色为橙色（R：221；G：91；B：0）、位置 23% 为橙红色（R：182；G：75；B：0）、位置 62% 为橙黄色（R：255；G：126；B：0）、位置 84% 为橙色（R：255；G：156；B：0）、终点色块为橙色（R：255；G：131；B：0）的线性渐变，并去掉轮廓，效果如图 6-6 所示。

(6) 执行"文件"→"导入"命令，导入本书配套素材中的 6-7 素材，并调整位置，执行"排列"→"取消群组"命令，取消群组，然后使用选择工具选中笔，执行 3 次"排列"→"顺序"→"向后一层"命令，调整图层顺序，得到本例效果，如图 6-7 所示。

图 6-5　绘制图形并渐变填充

图 6-6　绘制图形并渐变填充

图 6-7　本例最终效果

6.2　调和效果

调和效果也称为混合效果，可以在两个或两个以上对象之间产生形状和颜色上的过渡。在设计过程中，交互式调和工具是一个应用非常广泛的工具。

6.2.1　创建调和效果

调和效果与渐变填充有些相似，但比填充的效果更完善。创建调和效果有 3 种方式，即直线调和、沿路径调和、复合调和，接下来进行详细介绍。

1．直线调和

直线调和是指显示形状和大小从一个对象到另一个对象的渐变，中间对象的轮廓色和填充颜色在色谱中沿直线路径渐变，中间对象的轮廓显示厚度和形状的渐变。

在两个对象之间创建直线调和效果的具体操作步骤如下：

（1）在页面中绘制一个圆形和一个六边形，填充不同的颜色，如图 6-8 所示。

（2）选择工具箱中的交互式调和工具，将鼠标指针移至圆上，当光标变为形状时，按住鼠标左键不放拖动到六边形上，释放鼠标后，即可在两个对象之间创建直线调和，效果如图 6-9 所示。

图 6-8　绘制圆形和六边形

图 6-9　直线调和效果

技巧点拨

在对象之间创建调和效果，还可以先选择用于创建调和效果的两个或两个以上的对象，然后执行"效果"→"调和"命令，打开"调和"泊坞窗，如图 6-10 所示，在其中设置调和的步长和旋转角度，单击"应用"按钮，即可创建调和效果。

图 6-10　"调和"泊坞窗

2．沿路径调和

沿路径调和是指沿着任意路径调和对象，路径可以是图形、线条或文本。用户要创建沿路径调和可以按照以下两种方法：

1）手绘路径调和

使用手绘的方法实现沿路径调和效果的具体操作步骤如下：

➡（1）在页面中绘制两个图形，选择工具箱中的交互式调和工具 🖉，在按住 Alt 键的同时在起始图形的上方单击以任意路径拖曳光标至终止对象上，在拖曳的路径上会显示出一系列的混合对象，如图 6-11 所示。

➡（2）释放鼠标左键，即可看到创建的沿手绘路径调和的效果，如图 6-12 所示。

图 6-11　按住 Alt 键绘制调和路径

图 6-12　创建的手绘路径调和效果

2）调和对象绑定到路径

使用对象绑定到路径的方法实现沿路径调和效果的具体操作步骤如下：

⬇（1）首先创建两个对象的直线调和效果，然后使用贝塞尔工具绘制一条路径，如图 6-13 所示。

⬇（2）使用工具箱中的选择工具选择调和对象，在属性栏中单击"路径属性"按钮 🗹，在弹出的下拉菜单中选择"新路径"命令，如图 6-14 所示。

图 6-13　绘制的路径

图 6-14　属性栏

（3）移动鼠标指针至页面中刚绘制的路径上，如图 6-15 所示。

（4）单击即可将直线调和的对象绑定到路径上，效果如图 6-16 所示。

图 6-15　鼠标位置

图 6-16　将调和的对象绑定到路径上

使用调和对象绑定到绘制的路径，还可以使用鼠标右键拖曳的方法实现，方法是选择一个已创建好的调和对象，用鼠标右键将调和对象拖曳到一条路径上，如图 6-17 所示，此时鼠标指针呈⊕状态，释放鼠标，在弹出的快捷菜单中选择"使调和适合路径"命令，如图 6-18 所示，即可使调和对象绑定到绘制的路径。

图 6-17　用鼠标右键将调和对象拖曳到一条路径上

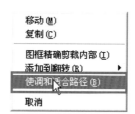

图 6-18　快捷菜单

3．复合调和

复合调和是指由两个或两个以上相互连接的调和所组成的调和，这样的结果是生成链头的系列调和。用户可以在现有调和对象的基础上继续添加一个或多个对象，创建出复合的调和效果。

创建复合调和效果的具体操作步骤如下：

（1）首先创建一组调和效果对象，然后绘制一个圆形并填充颜色，如图 6-19 所示。

（2）选择工具箱中的交互式调和工具，在刚绘制的圆形上单击并拖曳至调和对象两端的起始图形（如图 6-20 所示）或者终止图形上。

（3）释放鼠标左键，即可创建出 3 个图形之间的复合调和效果，如图 6-21 所示。

图 6-19　创建的调和对象和绘制的圆

图 6-20　拖曳刚绘制的图形至调和对象上

图 6-21　复合调和效果

技巧点拨　　除了可以使用上述方法创建复合调和效果外，用户还可以利用"调和"泊坞窗来实现，方法是首先创建两个图形之间的调和效果，并绘制一个图形，然后在按住 Shift 键的同时将绘制的图形和调与对象的起始图形和终止图形同时选中，接着执行"窗口"→"泊坞窗"→"调和"命令，打开"调和"泊坞窗，在其中设置调和步长值，单击"应用"按钮，即可实现多个对象之间的复合调和。

6.2.2 控制调和效果

在对两个对象创建调和效果后，还可以根据需要重新设置调和的颜色、指定调和对象的起始对象或终止对象。调和对象的属性栏如图 6-22 所示，在属性栏中可以改变调和步数、调和形状等属性。

图 6-22 属性栏

交互式调和工具属性栏中主要选项的含义如下。

● "预置"列表框 预置... ⌄：用于选择系统预置的调和样式。

● "步长和调和形状之间的偏移量"数值框 ⌄：用于设定两个对象之间的调和步数及过渡对象之间的间距值。调和步长为 4 时的效果如图 6-23 所示。

● "调和方向"数值框 ⌄：用来设定过渡中对象旋转的角度。角度为 0°和 70°时的效果如图 6-24 所示。

图 6-23 调和步长为 4 时的调和效果　　　　　图 6-24 角度为 0°和 70°时的效果

● "环绕调和"按钮 ⌄：在将调和中产生旋转的过渡对象拉直的同时，以两个对象的中间位置作为旋转中心进行环绕分布，该按钮只有在为调和对象设置了调和方向后才能使用，如图 6-25 所示。

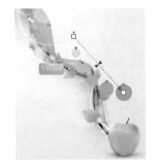

图 6-25 环绕调和前后的对比效果

● "直接调和"按钮 ⌄、"顺时针调和"按钮 ⌄和"逆时针调和"按钮 ⌄：用来设定调和对象之间颜色过渡的方向，如图 6-26 所示。

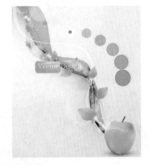

图 6-26 直接调和效果、顺时针调和效果和逆时针调和效果

● "对象和色彩加速"按钮▣: 用来调整调和对象及调和颜色的加速度。单击该按钮, 在打开的面板中拖动滑块到如图 6-27 所示的位置, 对象的调和变为如图 6-28 所示的效果。

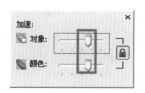

图 6-27 "对象和色彩加速调和"面板　　　图 6-28 对象和色彩加速调和效果

● "加速调和时的大小调和"按钮▣: 用来设定调和时过渡对象调和尺寸的加速变化。
● "起始和结束对象属性"按钮▣: 可以显示或重新设定调和的起始及终止对象。
● "路径属性"按钮▣: 可以使调和对象沿绘制好的路径分布。
● "复制调和属性"按钮▣: 可以复制对象的调和效果。

6.2.3　复制调和效果

使用调和的复制功能可以将选择的调和对象的设置应用到另外两个被选择的对象上, 复制调和后, 两个新对象的填充及轮廓线属性保持不变。

复制调和效果的具体操作步骤如下:

➡ (1) 创建一组调和对象和另外两个单独的图形, 如图 6-29 所示。

➡ (2) 选择工具箱中的交互式调和工具▣, 在按住 Shift 键的同时选择两个单独的图形, 单击属性栏中的"复制调和属性"按钮▣, 此时鼠标指针呈黑色箭头形状➡, 如图 6-30 所示。

图 6-29　创建的调和对象和另外两个单独的图形

图 6-30　复制调和时的鼠标指针形状

➡ (3) 用黑色的箭头单击需要复制的调和对象, 如图 6-31 所示, 即可将该调和对象的调和效果复制到所选择的两个单独的图形对象上, 如图 6-32 所示。

图 6-31　单击复制的调和对象

图 6-32　复合调和效果

执行"效果"→"复制效果"→"调和自"命令, 也可以复制调和效果。

6.2.4 拆分调和效果

应用调和效果后的对象，可以通过菜单命令将其分离为相互独立的个体。如果要分离调和对象，可以在选择调和对象后执行"排列"→"打散调和群组在图层 1"命令或按 Ctrl＋K 组合键，分离后的各个独立对象仍保持分离前的状态，如图 6-33 所示。

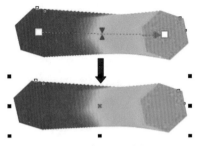

图 6-33 拆分调和对象

技巧点拨　在调和对象上右击，在弹出的快捷菜单中选择"打散调和群组"命令，也可完成分离调和对象的操作。

调和对象被分离后，之前调和效果中的起端对象和末端对象都可以被单独选取，而位于两者之间的其他图形将以群组的方式组合在一起，按 Ctrl＋U 组合键，即可解散群组对象，从而方便用户进行下一步的操作，图 6-34 所示为移动分离后的一个对象。

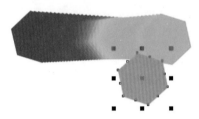

图 6-34 移动分离后的一个对象

6.2.5 取消调和效果

当对对象应用调和效果后，若不需要再使用此效果，可以清除对象的调和效果，只保留起端对象和末端对象。清除调和效果可以使用以下两种方法。

● 命令：选择调和对象后，执行"效果"→"清除调和"命令，清除调和效果前后的对比效果如图 6-35 所示。
● 按钮：选择调和对象后，在属性栏中单击"清除调和"按钮。

图 6-35 清除调和效果前后的对比效果

6.3 轮廓图效果

轮廓图效果是指由对象的轮廓向内或向外放射而形成的同心图形效果。在 CorelDRAW X6 中提供了 3 种轮廓图效果，即向中心、向内和向外，不同的方向产生的轮廓图效果也会不同。

6.3.1 创建轮廓图效果

轮廓图效果可以应用于图形或文本对象。创建轮廓图效果与调和效果的不同之处是，轮廓图效果只需要在一个图形对象上就可以完成。创建轮廓图效果的具体操作步骤如下：

（1）选择工具箱中的星形工具，绘制一个五角星，更改轮廓颜色为绿色，如图6-36所示。

（2）选择工具箱中的交互式轮廓图工具，在五角星上单击并向外拖曳，此时鼠标指针呈如图6-37所示的状态。

图6-36 绘制五角星

图6-37 向外拖曳鼠标

（3）释放鼠标，即可创建出图形边缘向外放射的轮廓图效果，如图6-38所示。

（4）在五角星上单击并向中心拖曳，可创建图形边缘向中心放射的轮廓图效果，如图6-39所示。

图6-38 向外放射的轮廓图效果

图6-39 中心放射的轮廓图效果

技巧点拨

除了上述创建轮廓图效果的方法外，用户还可以使用以下两种方法创建轮廓图效果。

● 按钮：选中需要创建轮廓图效果的对象，选择工具箱中的交互式轮廓图工具，在属性栏中单击"到中心"按钮、"向内"按钮、"向外"按钮即可。

● 泊坞窗：选中需要创建轮廓图效果的对象，执行"窗口"→"泊坞窗"→"轮廓图"命令，打开"轮廓图"泊坞窗，如图6-40所示，通过对泊坞窗中的参数进行设置，创建轮廓。

图6-40 "轮廓图"泊坞窗

为对象应用轮廓图效果后，轮廓图属性栏如图6-41所示。通过设置交互式轮廓图工具的属性栏可以得到需要的轮廓效果。

图6-41 交互式轮廓图工具属性栏

交互式轮廓图工具属性栏中的主要选项含义如下。

● "预设"列表框：在该列表框中可以选择系统预置的样式。

● "至中心"、"向内"、"向外"按钮：用来控制添加轮廓线的方向。

● "轮廓图步长"数值框 ：用来设置轮廓图的发射数量。图 6-42 所示为不同发射数量的效果。

图 6-42　不同发射数量的效果

● "轮廓图偏移"数值框 ：用于设置各个轮廓线圈之间的距离。图 6-43 所示为不同偏移量的效果。

图 6-43　不同偏移量的效果

● "尖角轮廓图"按钮 、"圆角轮廓图"按钮 、"直角轮廓图"按钮 ：单击相应的按钮，用于以尖角、圆角或直角的方式添加轮廓图效果，如图 6-44 所示。

图 6-44　尖角、圆角和直角轮廓图效果

● "线性轮廓填色"按钮 、"顺时针轮廓填色"按钮 、"逆时针轮廓填色"按钮 ：可以在色谱中，用直线、顺时针或逆时针曲线所通过的颜色来填充原始对象和最后一个轮廓形状，并据此创建颜色的级数。
● "轮廓色"按钮 ：可以在弹出的下拉列表框中选择最后一个同心轮廓的颜色。
● "填充色"按钮 ：可以在下拉列表框中选择最后一个同心轮廓的颜色。
● "渐变填充结束色"按钮 ：当原始对象使用了渐变效果时，可以通过单击该按钮改变渐变填充的终止颜色。

专家提醒　"对象和颜色加速"按钮 和"复制轮廓图属性"按钮 与调和效果中对应的按钮在功能和使用方法上相似，这里就不再重复介绍了。

6.3.2　设置轮廓图的填充和颜色

在对象应用了轮廓图效果后，可以设置不同的轮廓颜色和内部填充颜色，不同的颜色设置可产生不同的轮廓图效果。

设置轮廓图的填充和颜色的具体操作步骤如下：

➲（1）使用选择工具选择轮廓对象，在属性栏中单击"轮廓色"按钮 ，在弹出的"轮廓色"下拉列表框中选择所需的颜色，如图 6-45 所示，为轮廓图的末端对象设置轮廓色后的效果如图 6-46 所示。

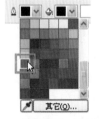

图 6-45　"轮廓色"下拉列表框

图 6-46　设置轮廓色后的轮廓图效果

（2）按 F12 键，弹出"轮廓笔"对话框，在"宽度"数值框中设置合适的宽度，单击"确定"按钮，轮廓图效果如图 6-47 所示。

（3）在页面右侧调色板中所需的色样上单击，设置起端对象的内部填充色，如图 6-48 所示。

图 6-47　调整轮廓图宽度

图 6-48　填充轮廓图的内部颜色

（4）在属性栏中单击"填充色"按钮，在弹出的"填充色"下拉列表框中选择所需的颜色，如图 6-49 所示，为轮廓图的末端对象设置填充色后的效果如图 6-50 所示。

图 6-49　"填充色"下拉列表框

图 6-50　修改最后一轮廓图的填充色

技巧点拨

选择轮廓图对象后，使用鼠标右键在页面右侧的调色板上单击⊠图标，可取消轮廓图中的轮廓色；使用鼠标左键单击⊠图标，可取消轮廓图中的填充色。

6.3.3　复制轮廓图效果

使用轮廓图的复制功能可以将选择的轮廓图设置应用到另一个被选择的对象上，但新的对象的填充和轮廓属性保持不变。

复制轮廓图效果的具体操作步骤如下：

（1）选择需要复制轮廓图效果的正圆，然后选择工具箱中的交互式轮廓图工具，执行"效果"→"复制效果"→"轮廓图自"命令或单击属性栏中的"复制轮廓图属性"按钮，此时鼠标指针呈黑色箭头形状，移动鼠标指针至需要复制的轮廓图对象上，如图 6-51 所示。

（2）单击即可复制轮廓图效果，如图 6-52 所示。

图 6-51　移动鼠标指针至需要复制的轮廓图对象上

图 6-52　复制轮廓图效果

6.3.4　拆分和清除轮廓图效果

拆分和清除轮廓图效果的操作方法与拆分和清除调和效果的方法相同。

如果要拆分轮廓图效果，在选择轮廓图对象后，执行"排列"→"拆分轮廓图群组在图层 1"命令或按 Ctrl + K 组合键即可，拆分后的对象仍保持拆分前的状态。

如果要清除轮廓图效果，选择轮廓图对象后，执行"效果"→"清除轮廓"命令或者在属性栏中单击"清除轮廓"按钮。

6.4 | 变形效果

变形效果是让对象的外形产生不规则的变化，使用交互式变形工具可以为对象创建变形效果。

6.4.1 创建变形效果

交互式变形工具 中有推拉变形、拉链变形和缠绕变形 3 种方式，3 种方式可以单独使用也可以配合使用，可以应用到图形或文本对象中。

1．创建推拉变形效果

推拉变形是指通过推拉对象的结点产生不同的变形效果。

创建推拉变形效果的具体操作如下：

➡（1）使用工具箱中的复杂星形工具 绘制一个复杂星形，并填充颜色，如图 6-53 所示。

➡（2）选择工具箱中的交互式变形工具 ，属性栏如图 6-54 所示。

图 6-53　绘制复杂星形

图 6-54　交互式变形工具属性栏

　在交互式变形工具属性栏中，单击"推拉变形"按钮 ，通过推拉对象的结点产生不同的推拉扭曲效果；单击"拉链变形"按钮 ，在对象的内侧和外侧产生一系列的结点，从而使对象的轮廓变成锯齿状的效果；单击"扭曲变形"按钮 ，使对象围绕自身旋转，形成螺旋效果。

➡（3）在属性栏中单击"推拉变形"按钮 ，在图形对象上单击并拖曳，如图 6-55 所示，使图形产生推拉的变形效果，如图 6-56 所示。

图 6-55　拖曳鼠标　　　　图 6-56　推拉变形效果

➡（4）在属性栏的"推拉失真振幅"数值框中分别输入负数（例如 -80）和正数（例如 80）的振幅度，变形效果如图 6-57 所示。

图 6-57　正数和负数的推拉变形效果

通过拖曳变形控制线柄上的▢控制点，可任意调整变形的失真振幅，如图6-58所示。通过拖曳◇控制点，可调整对象的变形角度，如图6-59所示。

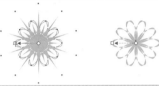

图6-58 调整失真振幅后的变形效果　　图6-59 调整变形角度后的变形效果

➡（5）在属性栏中单击"添加新的变形"按钮▣，在对象上单击并拖曳，在已变形的对象上创建新的推拉变形效果，如图6-60所示。

图6-60 新的推拉变形效果

2．创建拉链变形效果

拉链变形能在对象的内侧和外侧产生结点，使对象的轮廓变成锯齿状的效果。

创建拉链变形效果的具体操作如下：

➡（1）选择需要创建拉链变形的对象，如图6-61所示。

➡（2）选择工具箱中的交互式变形工具▣，在属性栏中单击"拉链变形"按钮▣，在图形上单击并向任意方向拖曳，对象会以鼠标单击点为中心点创建出拉链变形效果，如图6-62所示。

图6-61 选择需要创建拉链变形的对象　　图6-62 创建拉链变形效果

➡（3）在属性栏的"拉链失真频率"数值框中输入数值（取值范围为0～100），数值越大，每个线段的拉链点频率越高，产生的拉链效果也就越明显，在设置数值时，对象的拉链变形效果如图6-63所示。

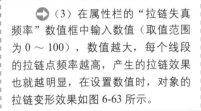

图6-63 修改拉链失真频率

⬇（4）在属性栏中单击"随机变形"、"平滑变形"和"局部变形"按钮▣ ▣ ▣后，对象的拉链变形效果如图6-64所示。

图 6-64　对象的拉链变形效果

3．创建扭曲变形效果

扭曲变形是指对象围绕自身旋转形成螺旋效果。

创建扭曲变形效果的具体操作如下：

➡（1）选择需要创建扭曲变形的对象，然后选择工具箱中的交互式变形工具■，在属性栏中单击"扭曲变形"按钮■，在图形上单击并按顺时针方向拖曳，如图 6-65 所示，释放鼠标，使图形在顺时针方向上产生扭曲变形效果，如图 6-66 所示。

图 6-65　按顺时针方向拖曳鼠标　　　图 6-66　顺时针扭曲变形效果

➡（2）在对象的○控制点上单击并按逆时针方向拖曳，如图 6-67 所示，然后释放鼠标，使图形在逆时针方向上产生扭曲变形效果，如图 6-68 所示。此时，在属性栏中将自动选择"逆时针旋转"按钮○。

图 6-67　按逆时针方向拖曳鼠标　　　图 6-68　逆时针扭曲变形效果

➡（3）在属性栏的"完全旋转"数值框■中输入适当的旋转值，这里以输入 6 为例，对象的扭曲变形效果如图 6-69 所示。

图 6-69　完全旋转效果

6.4.2　清除变形效果

清除对象上应用的变形效果，可以使对象恢复为变形前的状态。使用工具箱中的交互式变形工具单击需要清除变形效果的对象，执行"效果"→"清除变形"命令或者在属性栏中单击"清除变形"按钮■即可。

6.5　阴影效果

阴影效果可以很好地增加对象的逼真程度、增强对象的纵深感，而且在色调上富有层次感。阴影效果是与对象连接在一起的，在对象外观改变的同时，阴影效果也会随之发生变化。

6.5.1 创建阴影效果

使用交互式阴影工具 可以快速地为图形、文本、位图添加阴影效果。

创建阴影效果的具体操作步骤如下：

➡（1）选择需要创建阴影效果的对象，如图 6-70 所示。

➡（2）选择工具箱中的交互式阴影工具 ，在对象上单击并拖曳至合适的位置后释放鼠标，即可为对象创建阴影效果，如图 6-71 所示。

图 6-70 选择需要创建阴影效果的对象

图 6-71 创建阴影效果

技巧点拨

在对象的中心处单击并拖曳，可创建出与对象相同形状的阴影效果；在对象的边缘上单击并拖曳，可创建出具有透视的阴影效果，如图 6-72 所示。

图 6-72 创建透视的阴影效果

6.5.2 编辑阴影效果

在为对象创建阴影效果后，用户通常需要对阴影属性进行编辑，以达到需要的阴影效果。交互式阴影工具属性栏如图 6-73 所示。

图 6-73 交互式阴影工具属性栏

交互式阴影工具属性栏的主要选项含义如下。

● "预设"列表框：用于选择系统自带的阴影类型。

● "阴影偏移量"数值框 ：用来设定阴影相对于对象的坐标值。正数代表向上或向右偏移，负数代表向左或向下偏移。在对象上创建与对象相同形状的阴影时，该选项才可以使用。在 X 和 Y 数值框中分别输入 6 时，阴影效果如图 6-74 所示。

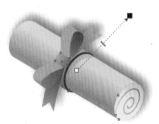

图 6-74 在 X 和 Y 数值框中分别输入 6 时的阴影效果

● "阴影角度"数值框：用来
设定阴影效果的角度。在对象上创
建了透视的阴影效果后，该选项才
可以使用。将阴影角度分别设置为
30 和 75 时，对象中的阴影效果如
图 6-75 所示。

图 6-75　将阴影角度分别设置为 30 和 75 时的效果

● "阴影不透明度"数值框：
用来设定阴影的不透明程度。数值
越大，透明度越弱，阴影颜色越深；
反之，不透明度越强，阴影颜色越
浅。图 6-76 所示为调整不同透明
度后的阴影效果。

图 6-76　调整不同透明度后的阴影效果

● "阴影羽化效果"数值框：
用来设定阴影的羽化效果，使阴
影产生不同程度的边缘柔和效果。
图 6-77 所示为设置不同阴影羽化
值后的效果。

图 6-77　设置不同阴影羽化值后的效果

● "阴影羽化方向"按钮：单击
该按钮后，会弹出如图 6-78 所示
的下拉面板，在其中可以设置阴影
的羽化方向。选择不同的羽化方向
后，对象的阴影效果如图 6-79 所
示。

图 6-78　阴影羽化方向

　向内　　　　　　　　中间　　　　　　　　向外　　　　　　　　平均

图 6-79　不同羽化方向的阴影效果

● "阴影羽化边缘"按钮：用来设
定阴影羽化边缘的类型为直线形、
正方形、反转方形等。

● "阴影淡化/伸展"数值框
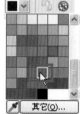：用来设定阴影的淡化
及伸展。

● "阴影颜色"按钮：用来设定
阴影的颜色，如图 6-80 所示。

图 6-80　调整阴影的颜色

6.5.3 拆分和清除阴影效果

下面介绍拆分和清除阴影效果的相关内容。

1.拆分阴影效果

用户可以将对象和阴影分离成两个相互独立的对象，分离后的对象仍保持原有的颜色和状态。

拆分阴影效果的具体操作步骤如下：

➡ （1）使用选择工具框选对象图形和阴影效果，如图 6-81 所示。

➡ （2）执行"排列"→"拆分阴影群组在图层 1"命令或按 Ctrl＋K 组合键，即可将对象和阴影分离，使用选择工具移动图形或阴影对象，可以看到对象与阴影分离后的效果，如图 6-82 所示。

图 6-81 框选整个阴影对象

图 6-82 拆分阴影效果

2.清除阴影效果

清除阴影效果与清除其他效果的方法相似，只需要选择图形和阴影效果，然后执行"效果"→"清除阴影"命令或者单击属性栏中的"清除阴影"按钮即可，如图 6-83 所示。

图 6-83 清除阴影效果

6.6 案例精讲——绘制多彩图形

最终效果图

♥ 案例说明

本例将制作效果如图 6-84 所示的多彩图形，主要练习贝塞尔工具、填充工具、交互式立体化工具等基本工具的使用方法。

图 6-84 实例的最终效果

操作步骤：

➡ （1）选择工具箱中的贝塞尔工具，绘制一个图形，然后按 Shift＋F11 组合键，弹出"均匀填充"对话框，设置颜色为黄色（R：255；G：255；B：0），单击"确定"按钮，填充颜色，并右击页面右侧调色板中的"无"图标⊠，去掉轮廓，效果如图 6-85 所示。

➡ （2）选择工具箱中的交互式立体化工具，在页面中刚绘制的图形上单击并向右拖曳，创建立体化效果，如图 6-86 所示。

图 6-85　绘制图形

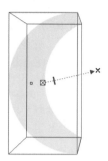

图 6-86　创建立体效果

➡ （3）在页面中向下拖曳虚线箭头上的✕符号至合适的位置，如图 6-87 所示，移动对象的立体化灭点。

➡ （4）在页面中向下拖曳虚线箭头上的矩形滑块▮至合适的位置，如图 6-88 所示，控制对象的立体化深度。

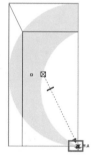

图 6-87　移动对象的立体化灭点

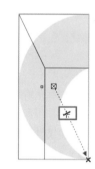

图 6-88　控制对象的立体化深度

➡ （5）在属性栏中单击"颜色"按钮，在弹出的面板中单击"使用递减的颜色"按钮，并设置"从"为棕色（R：153；G：80；B：28）、"到"为黄棕色（R：211；G：133；B：36），如图6-89所示，此时立体化效果的颜色如图6-90所示。

图 6-89　设置立体化颜色

图 6-90　更改立体化颜色

➡ （6）使用工具箱中的选择工具框选立体化对象，在立体图形的中心上单击进入旋转状态，拖曳旋转中心至右下角处，如图 6-91 所示。

➡ （7）执行"排列"→"变换"→"旋转"命令，打开"旋转"泊坞窗，设置"旋转"为6、"副本"为9，单击"应用"按钮，旋转并复制立体效果，如图 6-92 所示。

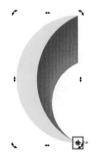

图 6-91　拖曳旋转中心至右下角处

图 6-92　旋转并复制立体效果

（8）使用选择工具选择图形，更改填充颜色为土黄色（R：255；G：156；B：0），然后选择工具箱中的交互式立体化工具 ，在属性栏中单击"颜色"按钮，在弹出的调板中单击"使用递减的颜色"按钮，并设置"从"为暗红色（R：171；G：75；B：43）、"到"为黄棕色（R：226；G：106；B：36），更改立体化颜色，效果如图 6-93 所示。

（9）同样的方法，更改相应的填充色和立体化颜色，得到本例效果，如图 6-94 所示。

图 6-93　更改填充色和立体化颜色

图 6-94　本例最终效果

6.7 立体效果

使用交互式立体化功能可以为任何矢量图形添加三维效果，使对象具有很强的纵深感和空间感。

6.7.1 创建立体效果

立体效果可以用于线条、图形以及文字对象。创建立体效果的具体操作步骤如下：

（1）选中需要创建立体效果的对象，选择工具箱中的交互式立体化工具，在对象上单击并按图 6-95 所示的方向由下向上拖曳鼠标，为图形创建立体效果。

（2）释放鼠标后，即可创建立体效果，如图 6-96 所示。

图 6-95　拖曳鼠标

图 6-96　立体效果

6.7.2 设置立体效果

当对象应用立体化效果后，其属性栏如图 6-97 所示。

| 预设... | + | - | x: 105.0 mm
y: 238.311 mm | | 20 | 17.701 mm
15.752 mm | 锁到对象上的灭点 | |

图 6-97　交互式立体化工具属性栏

交互式立体化工具属性栏中主要选项的含义如下。

● "预设"列表框：该列表框中提供了 6 种不同的立体化预设样式。

● "立体化类型"按钮：单击该按钮，会弹出如图 6-98 所示的立体化类型选项，在其中可以选择系统提供的立体类型。图 6-99 所示为选择类型后的立体效果。

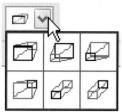
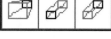

图 6-98　立体化类型选项

图 6-99　更改立体化类型前后的对比效果

● "深度"数值框 ⬚20⬚：用来设置立体化效果的纵深度，数值越大，深度越深，如图 6-100 所示。

● "灭点坐标"数值框 ⬚-17.773 mm⬚/⬚25.443 mm⬚：用于调整立体化灭点的坐标位置，如图 6-101 所示。

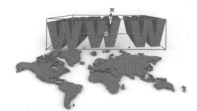

图 6-100　设置立体化深度　　　　　　　　图 6-101　调整立体化灭点的坐标位置

● "灭点属性"列表框 ⬚锁定到对象上的灭点▾⬚：提供了锁定灭点到对象、锁定灭点到页面、共享灭点等方式。

● "VP 对象 /VP 页面"按钮 ⬚：用来相对于对象的中心点或页面的坐标原点来计算或显示灭点的坐标值。

● "立体的方向"按钮 ⬚：用于改变立体效果的角度。单击该按钮，将弹出如图 6-102 所示的下拉面板，在其中的圆形范围内单击并拖曳，立体化对象的效果也会随之发生改变，如图 6-103 所示。单击下拉面板中的 ⬚按钮，面板如图 6-104 所示，其中显示了对象所应用的旋转值，用户可以在各选项数值框中输入精确的旋转值来调整立体化效果。

图 6-102　"立体的方向"下拉面板　　　图 6-103　调整立体化方向　　　图 6-104　立体化对象应用的旋转值

● "立体化颜色"按钮 ⬚：用于设置立体化效果的颜色，有使用对象填充、使用纯色填充、使用递减的颜色3种方式。

● "斜角修饰边"按钮 ⬚：单击该按钮，在弹出的下拉面板中选中"使用斜角修饰边"复选框后，对象的立体化效果如图 6-105 所示。"斜角修饰边深度"数值框 ⬚ 2.0 mm ▾⬚用于设置斜角修饰边的深度；"斜角修饰边角度"数值框 ⬚ 45.0° ▾⬚用于设置斜角修饰边的角度。

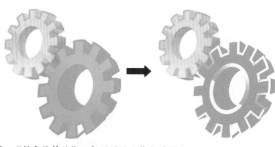

图 6-105　"斜角修饰边"面板设置及立体化效果

150

● "立体化照明"按钮🔅：单击该按钮，将弹出如图 6-106 所示的照明设置面板，单击其中的"照明 1"按钮🔆，对象的立体效果如图 6-107 所示。

图 6-106　照明设置面板　　图 6-107　选择照明 1 时的立体化效果

● "清除立体化"按钮：单击该按钮，即可清除立体化效果，如图 6-108 所示。

图 6-108　清除立体化效果

专家提醒　复制和清除立体化效果的操作方法与前面介绍的复制和清除阴影效果的操作方法相似，这里不再重复叙述。

6.8 封套效果

交互式封套工具是一个很有特色的工具，为对象提供了一系列简单的变形效果，通过调节封套上的结点可以使对象产生各种形状的变形效果。

6.8.1 创建封套效果

使用交互式封套工具可以给对象添加封套效果，使对象的整体形状随着封套外形的变化而变化。

创建封套效果的具体操作步骤如下：

➡（1）选择需要创建封套效果的对象，如图 6-109 所示。

➡（2）选择工具箱中的交互式封套工具📐，在对象上随即会出现蓝色的封套编辑框，效果如图 6-110所示。

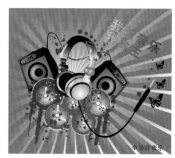

图 6-109　选择需要创建封套效果的对象　　图 6-110　创建封套效果

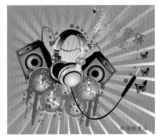 

（3）移动鼠标指针至左上角的控制柄处，单击并向上拖曳，编辑封套编辑框，文字也会随之变化，效果如图 6-111 所示。

（4）同样的方法，随意调整各控制点变形文字，效果如图 6-112 所示。

图 6-111　编辑封套编辑框　　图 6-112　编辑完成后的封套效果

在选择图形对象后，执行"窗口"→"泊坞窗"→"封套"命令，打开"封套"泊坞窗，单击"添加预设"按钮，在其下方的样式下拉列表框中选择一种预设的封套样式，单击"应用"按钮，即可将该封套样式应用到图形对象中，调整封套编辑框，效果如图 6-113 所示。

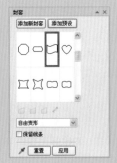

图 6-113　创建封套效果

6.8.2　编辑封套效果

在对象四周出现封套编辑框后，可以结合属性栏对封套形状进行编辑。交互式封套工具的属性栏如图 6-114 所示。

图 6-114　交互式封套工具属性栏

交互式封套工具属性栏中的主要选项含义如下。

● "预设"列表框：用于选择系统预置的样式，如圆形样式、方形样式、菱形等，如图 6-115 所示。

原图　　　　圆形　　　　方形　　　　菱形

图 6-115　预设样式

● "添加新封套"按钮：单击该按钮后，封套形状恢复为未进行任何编辑时的状态，而封套对象仍保持变形后的效果，如图 6-116 所示。

图 6-116　单击"添加新封套"按钮前后的效果

● "直线模式"按钮⬜、"单弧线模式"按钮⬜、"双弧线模式"按钮⬜、"非强制模式"按钮✏：单击各按钮，可以选择不同的封套编辑模式。

专家提醒　编辑封套形状的方法与使用形状工具编辑曲线形状的方法相似，单击属性栏中的"非强制模式"按钮✏，用户可以对封套形状进行任意编辑。

● "映射模式"列表框 自由变形▾：该列表框中提供了水平的、原始的、自由变换、垂直的共4种映射模式。
● "保持线条"按钮▦：单击该按钮，可以将对象的线条保持为直线，或者转换为曲线。

6.9 透明效果

使用交互式透明工具可以方便地为对象添加标准、渐变、图案及底纹等透明效果，使用颜色的灰度值来遮罩对象原有的象素，层层叠加后的透明图案可以显示出丰富的视觉效果。

6.9.1 创建透明效果

在创建透明效果时，选用颜色的灰度值越高，对象被遮住的像素越多；反之，选择颜色的灰度值越低，对像素的影响越小。

创建透明效果的具体操作步骤如下：

⬇（1）选择需要创建封套效果的对象，如图6-117所示。

⬇（2）选择工具箱中的交互式透明工具♀，在属性栏的"透明度类型"列表框中选择"线性"选项，添加线性透明效果，如图6-118所示。

⬇（3）在属性栏的"渐变透明的角度与锐度"数值框中设定透明渐变的角度及锐度为270°和0，更改线性透明的方向，效果如图6-119所示。

图6-117 选择需要创建透明效果的对象　　图6-118 添加线性透明效果　　图6-119 更改线性透明的方向

6.9.2 编辑透明效果

应用透明效果后，可通过属性栏和手动调节两种方式调整对象的透明效果。

1．使用属性栏调整透明效果

使用交互式透明工具单击创建的透明对象，该工具的属性栏如图6-120所示。

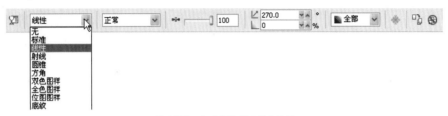

图 6-120 交互式透明工具属性栏

交互式透明工具属性栏中主要选项的含义如下。

● "透明度类型"列表框 [无 ▼]：用于选择产生透明度的类型，如无、标准、线性、射线、圆锥、方角、双色图样、全色图样、位图图样、底纹。其中，"无"选项用于取消任何透明效果；"标准"选项用于对图形的整个部分应用相同设置的透明效果；选择"线性"选项，添加沿直线方向为对象应用渐变的透明效果；选择"射线"选项，透明效果沿一系列同心圆进行渐变；选择"圆锥"选项，透明效果按圆锥渐变的形式进行分布；选择"方角"选项，透明效果按正方形渐变的形式进行分布；选择"双色图样"、"全色图样"和"位图图样"选项，为对象应用图样的透明效果；选择"底纹"选项，为对象应用自然外观的随机化底纹透明效果。图 6-121 所示为部分透明度类型的透明效果。

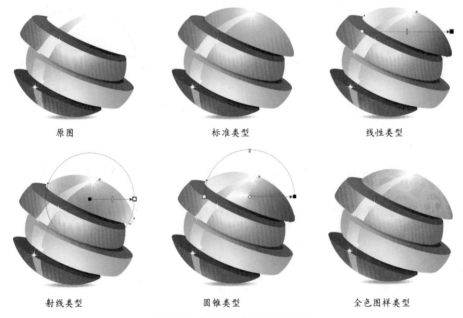

图 6-121 部分透明度类型的透明效果

● "透明度操作"列表框 [正常 ▼]：用于设置透明对象与下层对象进行叠加的模式。图 6-122 所示为选择"减少"和"色相"选项后的透明效果。

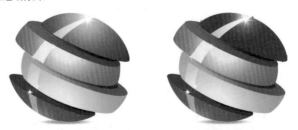

图 6-122 选择"减少"和"色相"选项后的透明效果

● "透明中心点"数值框 [◄► □ 100]：用于设置对象的透明度，数值越大，透明度越强，反之透明度越弱。图 6-123 所示为设置数值分别为 30 和 90 的透明效果。

图 6-123 设置数值分别为 30 和 90 的透明效果

● "渐变透明角度和边界"数值框 ⌗ 270.0 ⌗ ：用于设置渐变透明的角度方向和边界范围。

● "透明度目标"列表框 ■全部 ⌄ ：用于设置对象应用透明的范围，包括"填充"、"轮廓"和"全部"选项；其中，"填充"选项只对对象中的内部填充范围应用透明效果；"轮廓"选项只对对象的轮廓应用透明效果；"全部"选项可以对整个对象应用透明效果。图 6-124 所示为选择"填充"、"轮廓"和"全部"选项后对象的标准透明效果。

图 6-124 透明度目标示意图

● "冻结"按钮 ⊛ ：单击该按钮，可以对图形的透明效果进行冻结。这时使用选择工具移动图形，移动后图形叠加，所产生的颜色透明效果不变。

2．使用手动调节透明效果

除了可以通过属性栏设置透明效果外，用户还可以通过手动调节的方式对透明效果进行调整。使用手动调节透明效果的方法如下：

（1）将鼠标指针移至透明控制线的起点或终点控制点上，单击并拖曳控制点至合适的位置，释放鼠标，即可调整渐变透明的角度和边界，如图 6-125 所示。

（2）使用鼠标左键拖曳除起点和终点以外的控制点，可调整控制点在控制线上的位置，如图 6-126 所示；在除起点和终点以外的控制点上右击，可删除该控制点，如图 6-127 所示。

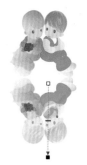   

图 6-125 调整渐变透明的角度和边界　　　图 6-126 调整控制点在控制线上的位置　　　图 6-127 删除控制点

（3）将页面右侧调色板中所需的颜色拖曳至对应的控制点上，当鼠标指针呈 ▶■ 形状时释放鼠标，即可调整该控制点上的透明参数，如图 6-128 所示。直接将调色板中的颜色拖曳至透明控制线上，当鼠标指针呈 ▶■ 形状时释放鼠标，即可在该位置添加一个透明控制点，并将该颜色所对应的透明参数应用于该控制点上，如图 6-129 所示。

图 6-128 调整该控制点上的透明参数　　　　图 6-129 添加一个透明控制点

6.10 | 案例精讲——绘制水晶球

最终效果图

♥ 案例说明

本例将制作效果如图 6-130 所示的水晶球，主要练习椭圆形工具、渐变填充工具、贝塞尔工具等基本工具的使用方法。

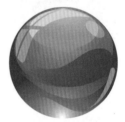

图 6-130 实例的最终效果

操作步骤：

➡ （1）按 F7 键调用椭圆形工具，在绘制页面中绘制一个"对象大小"均为 134 的正圆，如图 6-131 所示。

➡ （2）按 F11 键调用渐变填充工具，填充"类型"为"射线"、"水平"为 -1、"垂直"为 -49、"边界"为 22、起点色块的颜色为暗红色（C：50；M：97；Y：100；K：29）、位置 30% 的颜色为红色（C：34；M：96；Y：88；K：2）、位置 55% 为洋红色（C：8；M：91；Y：24；K：0）、位置 79% 为浅洋红色（C：4；M：53；Y：3；K：0）、位置 98% 和终点色块的颜色均为白色（C：0；M：0；Y：0；K：0）的渐变，并在属性栏的"轮廓宽度"列表框中选择"无"选项，去掉轮廓，效果如图 6-132 所示。

图 6-131 绘制正圆　　　　图 6-132 渐变填充并去掉轮廓

（3）选择工具箱中的贝塞尔工具，绘制一个图形，如图6-133所示。

（4）按F11键调用渐变填充工具，填充"类型"为"射线"、"水平"为-5、"垂直"为-100、"边界"为15、起点色块的颜色为暗红色（C：50；M：97；Y：100；K：29）、位置23%的颜色为红色（C：34；M：96；Y：88；K：2）、位置47%为洋红色（C：8；M：91；Y：24；K：0）、位置79%为浅洋红色（C：4；M：53；Y：3；K：0）、位置98%和终点色块的颜色均为白色（C：0；M：0；Y：0；K：0）的渐变，并去掉轮廓，效果如图6-134所示。

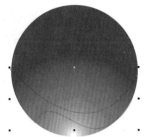

图 6-133　绘制图形

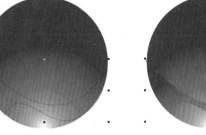

图 6-134　渐变填充并去掉轮廓

（5）同样的方法，使用贝塞尔工具绘制图形，并填充"类型"为"射线"、"水平"为4、"垂直"为11、"边界"为13、起点色块的颜色为暗红色（C：50；M：97；Y：100；K：29）、位置30%的颜色为红色（C：34；M：96；Y：88；K：2）、位置47%为洋红色（C：8；M：91；Y：24；K：0）、位置64%为浅洋红色（C：4；M：53；Y：3；K：0）、位置98%和终点色块的颜色均为白色（C：0；M：0；Y：0；K：0）的射线渐变，并去掉轮廓，效果如图6-135所示。

（6）使用贝塞尔工具绘制图形，并填充"类型"为"射线"、"垂直"为32、"边界"为4、起点色块的颜色为暗红色（C：50；M：97；Y：100；K：29）、位置23%的颜色为红色（C：34；M：96；Y：88；K：2）、位置47%为洋红色（C：8；M：91；Y：24；K：0）、位置79%为浅洋红色（C：4；M：53；Y：3；K：0）、位置98%和终点色块的颜色均为白色（C：0；M：0；Y：0；K：0）的射线渐变，并去掉轮廓，效果如图6-136所示。

（7）使用贝塞尔工具绘制图形，并填充"类型"为"射线"、"垂直"为29、起点色块的颜色为暗红色（C：50；M：97；Y：100；K：29）、位置23%的颜色为红色（C：34；M：96；Y：88；K：2）、位置47%为洋红色（C：8；M：91；Y：24；K：0）、位置79%为浅洋红色（C：4；M：53；Y：3；K：0）、位置98%和终点色块的颜色均为白色（C：0；M：0；Y：0；K：0）的射线渐变，并去掉轮廓，效果如图6-137所示。

（8）使用贝塞尔工具绘制图形，并填充"类型"为"射线"、"水平"为-43、"垂直"为100、起点色块的颜色为暗红色（C：50；M：97；Y：100；K：29）、位置55%的颜色为红色（C：34；M：96；Y：88；K：2）、位置72%为洋红色（C：8；M：91；Y：24；K：0）、位置94%为浅洋红色（C：4；M：53；Y：3；K：0）、终点色块的颜色为浅洋红色（C：2；M：30；Y：0；K：0）的射线渐变，并去掉轮廓，效果如图6-138所示。

图 6-135　绘制图形并渐变填充

图 6-136　绘制图形并渐变填充

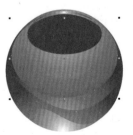

图 6-137　绘制图形并渐变填充

图 6-138　绘制图形并渐变填充

（9）使用贝塞尔工具绘制图形，并填充"类型"为"射线"、"水平"为 -100、"垂直"为 61、起点色块的颜色为洋红色（C：6；M：71；Y：13；K：0）、位置 63% 的颜色为红色（C：4；M：53；Y：3；K：0）、终点色块的颜色均为洋红色（C：6；M：18；Y：1；K：0）的射线渐变，并去掉轮廓，效果如图 6-139 所示。

（10）使用贝塞尔工具绘制图形，按 Shift＋F11 组合键，弹出"均匀填充"对话框，填充颜色为浅洋红色（C：0；M：53；Y：0；K：0），并去掉轮廓，效果如图 6-140 所示。

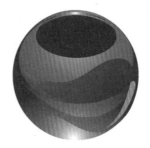

图 6-139　绘制图形并渐变填充

图 6-140　绘制图形并均匀填充

（11）使用贝塞尔工具绘制图形，并填充相同的颜色，效果如图 6-141 所示。

（12）同样的方法绘制其他图形，并填充相应的颜色，得到本例效果，如图 6-142 所示。

图 6-141　绘制图形并均匀填充

图 6-142　本例最终效果

用户可以在该案例的基础上更改相应的颜色，制作出不同颜色的水晶球，效果如图 6-143 所示。

图 6-143　不同颜色的水晶球

6.11　透镜效果

使用透镜功能可以改变透镜下方的对象区域的外观，而不改变对象的实际特性和属性。

6.11.1　创建透镜效果

用户可以对任何矢量对象（闭合路径、矩形、椭圆和多边形）应用透镜，也可以更改美术字和位图的外观。对矢量对象应用透镜时，透镜本身会变成矢量图形。同样，若将透镜置于位图上，透镜也会变成位图。

创建透明效果的具体操作步骤如下：

（1）导入一张要添加透镜效果的图片，如图 6-144 所示。

（2）执行"效果"→"透镜"命令，打开"透镜"泊坞窗，如图 6-145 所示。

图 6-144　导入图片

图 6-145　"透镜"泊坞窗

（3）选择工具箱中的基本形状工具，在属性栏中单击"完美形状"按钮，绘制一个心形并旋转，然后把心形放到图片上，如图 6-146 所示，在"透镜"泊坞窗中选择一种透镜效果，如图 6-147 所示。

图 6-146　绘制圆

图 6-147　选择一种透镜效果

（4）完成设置后，分别单击"解锁"按钮和"应用"按钮，即可将选定的透镜效果应用于对象，如图 6-148 所示，去掉圆的轮廓，效果如图 6-149 所示。

图 6-148　应用透镜效果

图 6-149　去掉轮廓

6.11.2　编辑透镜效果

CorelDRAW X6 提供了 12 种透镜效果，即无透镜效果、使明亮、颜色添加、色彩限度、自定义彩色图、鱼眼、热图、反显、放大、灰度浓淡、透明度和线框。

1．无透镜效果

无透镜效果是指不应用透镜效果。

2．使明亮

使明亮透镜可以改变对象在透镜范围下的亮度，使对象变亮或变暗，如图 6-150 所示。

图 6-150　应用使明亮透镜效果

3．颜色添加

颜色添加透镜允许模拟加色光线模型，可以给对象添加指定颜色，产生类似有色滤镜的效果，如图 6-151 所示。

图 6-151　应用颜色添加透镜效果

4．色彩限度

色彩限度透镜可以将对象上的颜色转换为透镜的颜色，如图 6-152 所示。

图 6-152　应用色彩限度透镜效果

5．自定义彩色图

自定义彩色图透镜可以将对象的颜色转换为双色调，应用透镜效果后显示的两种颜色是用设定的起始颜色和终止颜色与对象的填充颜色相对比获得的效果，如图 6-153 所示。

图 6-153　应用自定义彩色图透镜效果

6．鱼眼

鱼眼透镜可以使透镜下的对象产生扭曲效果，如图 6-154 所示。用户可以通过"比率"数值框设定扭曲程度，正数值为向上凸起，负数值为向下凹陷。

图 6-154　应用鱼眼透镜效果

7．热图

热图透镜可以通过在透镜下方的对象区域中模拟颜色的冷暖等级来创建红外图像的效果，如图 6-155 所示。

图 6-155　应用热图透镜效果

8．反显

反显透镜可以使对象的色彩反相，产生类似相片底片的效果，如图6-156所示。

图6-156　应用反显透镜效果

9．放大

放大透镜可以产生类似放大镜的效果，如图6-157所示。其中，"倍数"数值框中的数值越大，放大的程度越高。

图6-157　应用放大透镜效果

10．灰度浓淡

灰度浓淡透镜可以将透镜下对象的颜色转换为透镜色的灰度等特效色，如图6-158所示。

图6-158　应用灰度浓淡透镜效果

11．透明度

透明度透镜可以产生类似通过有色玻璃看物体的效果，如图6-159所示。

图6-159　应用透明度透镜效果

12．线框

线框透镜可以用来显示对象的轮廓，并且可以为轮廓指定填充色，如图6-160所示。

图6-160　应用线框透镜效果

虽然每种类型的透镜需要设置的参数选项不同，但泊坞窗中的"冻结"、"视点"和"移除表面"复选框是各类型透镜都必须设置的参数。若选中"冻结"复选框，可以将应用透镜效果对象下面的其他对象所产生的效果添加成透镜效果的一部分，不会因为透镜或者对象的移动而改变该透镜效果；若选中"视点"复选框，在不移动透镜的情况下，只弹出透镜下面的对象的一部分；若选中"移除表面"复选框，透镜效果只显示该对象与其他对象重合的区域，而被透镜覆盖的其他区域不可见。

6.12 透视效果

使用"添加透视"命令可以为对象进行倾斜、拉伸等变换操作，使对象产生空间透视效果。

应用透视效果的具体操作步骤如下：

➡（1）按 Ctrl + O 组合键，打开本书配套素材中的 6-161 素材，如图 6-161 所示。

➡（2）使用选择工具选择右侧的灰色矩形，执行"效果"→"透镜"命令，在矩形上会出现网格的红色虚线框，同时，在矩形的四周将出现黑色的控制柄，如图 6-162 所示。

图 6-161　打开的素材

图 6-162　透视编辑框

➡（3）用鼠标左键向上拖曳右上角的控制柄，进行透视变形，如图 6-163 所示。

➡（4）同样的方法，调整其他控制柄，进行透视变形，如图 6-164 所示。

图 6-163　进行透视变形

图 6-164　调整控制柄

➡（5）同样的方法，对左侧的矩形进行透视变形，如图 6-165 所示。

➡（6）同样的方法，对上方的矩形进行透视变形，制作立体图形，如图 6-166 所示。

图 6-165　对左侧的矩形进行透视变形

图 6-166　制作立体图形

6.13 拓展应用——网页图标

练习绘制网页图标，最终效果如图 6-167 所示。本例首先利用椭圆形工具、渐变工具制作出网页图标的整体造型，然后利用文本工具、多边形工具制作出网页图标的文字效果。

制作网页图标的主要步骤如下：

图 6-167　网页图标

➡ （1）使用工具箱中的椭圆形工具、渐变工具制作出网页图标的整体造型，如图 6-168 所示。

➡ （2）使用工具箱中的文本工具、多边形工具制作出网页图标的文字效果，如图 6-169 所示。

图 6-168　网页图标的整体造型　　　　图 6-169　网页图标的文字效果

6.14 边学边练——食品标签

使用钢笔工具、渐变填充工具绘制出如图 6-170 所示的食品标签。

图 6-170　食品标签

第7章

文本的编辑与排版

文字的作用是任何元素都无法替代的，它能直观地反映出诉求信息，让人一目了然。CorelDRAW X6 不仅是专业的绘图软件，还具备专业的文字处理和排版功能。CorelDRAW X6 中的文字分两种类型，即美术文字和段落文字，掌握这两种文字的制作方法和技巧，用户可以制作出特殊效果的文字和漂亮的文字版式。

7.1 美术文本的创建与编辑

美术文本用于添加少量文字，可将其当作一个单独的图形对象来处理。美术文本的创建和编辑非常简单，美术文本的编辑包括字体的大小、字体、颜色，以及插入字符和更改大小写等。

7.1.1 案例精讲——旅游网站设计

案例说明

本例将制作效果如图 7-1 所示的旅游网站，主要练习矩形工具、交互式透明工具、图框精确剪裁、文本工具等的使用方法。

最终效果图

图 7-1　实例的最终效果

操作步骤：

（1）新建一个空白文件，在属性栏中单击"导入"按钮![icon]，导入本书配套素材中的 7-2 素材，并调整位置，如图 7-2 所示。

（2）按 F6 键调用矩形工具，绘制一个矩形，然后在页面右侧调色板中的白色色块上单击，填充颜色为白色，并在"无"图标上右击，去掉轮廓，效果如图 7-3 所示。

图 7-2　导入素材

图 7-3　绘制矩形

（3）选择工具箱中的交互式透明工具，在刚绘制的矩形左侧单击并向右拖曳，添加线性透明效果，如图 7-4 所示。

（4）用鼠标左键拖曳页面右侧调色板中的黑色色块至透明控制线左侧的控制柄上，编辑线性透明效果，隐藏图形，如图 7-5 所示。

图 7-4　添加线性透明效果

图 7-5　隐藏图形

（5）用鼠标左键拖曳页面右侧调色板中的白色色块至透明控制线上，添加 3 个白色色块，编辑线性透明效果，显示图形，并调整各控制柄至合适的位置，如图 7-6 所示。

（6）按 F6 键调用矩形工具，绘制一个矩形，填充颜色为白色，如图 7-7 所示。

图 7-6　显示图形

图 7-7　绘制矩形

（7）选择工具箱中的选择工具，在按住 Shift 键的同时在矩形上单击并向右拖曳至合适的位置，然后右击，移动并复制矩形，如图 7-8 所示。

（8）按 5 次 Ctrl ＋ D 组合键，再制矩形，如图 7-9 所示。

图 7-8　移动并复制矩形

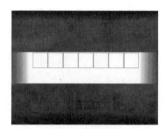
图 7-9　再制矩形

（9）使用选择工具框选所有小矩形，在按住 Shift 键的同时在矩形上单击并向下拖曳至合适的位置，然后右击，移动并复制矩形，如图 7-10 所示。

（10）使用选择工具选中第一排的第二个矩形，在状态栏中双击"填充"图标 ◈，弹出"均匀填充"对话框，设置颜色为橙色（R：255；G：156；B：24），单击"确定"按钮，更改颜色，效果如图 7-11 所示。

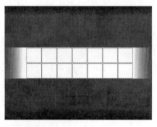
图 7-10　移动并复制矩形

图 7-11　更改颜色

（11）同样的方法，选中相应的矩形，更改相应的颜色，效果如图 7-12 所示。

（12）在属性栏中单击"导入"按钮 📷，导入本书配套素材中的 7-13 素材，并调整位置，如图 7-13 所示。

图 7-12　更改相应的颜色

图 7-13　导入素材

（13）用鼠标右键拖曳刚导入的素材至第一排左侧的矩形上，释放鼠标，在弹出的快捷菜单中选择"图框精确剪裁内部"命令，创建图框精确剪裁图像，如图 7-14 所示。

（14）单击页面中的"编辑内容"按钮，进入容器内部，调整图像至合适的位置及大小，然后单击页面中的"停止编辑内容"按钮，结束对内置对象的编辑操作，效果如图 7-15 所示。

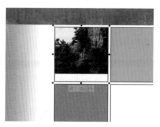 

图 7-14 图框精确剪裁图像　　　图 7-15 结束对内置对象的编辑操作

（15）同样的方法，导入相应的图像，并进行图框精确剪裁，效果如图 7-16 所示。

（16）使用选择工具选中所有小矩形，并在页面右侧调色板中的"无"图标上右击，去掉轮廓，效果如图 7-17 所示。

图 7-16 置于图像并进行图框精确剪裁　　　图 7-17 去掉轮廓

（17）在工具箱中选择文本工具，在页中的适当位置单击，则单击处会出现闪动的光标，如图 7-18 所示。

（18）输入文字"张家界"，在属性栏中设置文本的字体类型为"黑体"、字号大小为 15。选择工具箱中的选择工具，将其调整到合适的位置，然后在页面右侧调色板中的白色色块上单击，设置文字颜色，效果如图 7-19 所示。

图 7-18 闪动的光标　　　图 7-19 输入文字

（19）同样的方法，输入其他文字，并设置字体、字号和颜色，效果如图 7-20 所示。

（20）选择工具箱中的矩形工具，绘制一个矩形，填充颜色为白色并去掉轮廓，然后移动并复制多个矩形，得到本例效果，如图 7-21 所示。

图 7-20 输入其他文字　　　图 7-21 本例最终效果

7.1.2 美术文本的创建及属性栏

如果要在页面中创建美术文本，只需选择工具箱中的文本工具，然后在页面上单击，输入相应的文字即可。创建美术文本的具体操作步骤如下：

➡ （1）在工具箱中选择文本工具或者按F8键，在页面中的适当位置单击，此时会出现输入文字的闪烁光标，如图7-22所示。

➡ （2）输入文字"攀登知识巅峰探寻智慧奥秘"，如图7-23所示。

图7-22　输入文字的闪烁光标

图7-23　输入文字

➡ （3）单击并向左拖曳，选中文本，如图7-24所示。

➡ （4）在属性栏的"字体列表"下拉列表框中选择"方正大黑简体"选项，设置文本的字体类型，然后使用工具箱中的选择工具移动文字至合适的位置，效果如图7-25所示。

图7-24　选中文本

图7-25　设置文本的字体类型

在创建美术文本后，通常要设置文本的字体类型、字号大小、粗细、对齐方式以及文本的排列方式等基本属性。文本工具的属性栏如图7-26所示。

图7-26　文本工具属性栏

文本工具属性栏中的主要选项含义如下。

● "字体类型"下拉列表框：用于选择需要的字体类型，如图7-27所示。

● "从上部的顶部到下部的顶部的高度"列表框：用于选择需要的字号大小，如图7-28所示。

● "粗体"、"斜体"、"下划线"按钮：单击相应的按钮，可以设定字体为粗体、斜体或下划线。

● "对齐方式"按钮：单击该按钮，将弹出如图7-29所示的列表框，可以在其中选择文本的对齐方式。

图7-27　设定文字字体　　　　图7-28　设定文字大小

● "字符格式化"按钮：单击该按钮，将弹出"字符格式化"泊坞窗，如图 7-30 所示，在其中可以设置文本的字体、字号、颜色、字间距、对齐方式等。

图 7-29　对齐方式　　　　　　　图 7-30　"字符格式化"泊坞窗

● "编辑文本"按钮：单击该按钮，将弹出"编辑文本"对话框，如图7-31所示，在其中可以设置文本的字体、字号、字符效果、对齐方式、更改英文大小写以及导入外部文本等。

图 7-31　"编辑文本"对话框

● "水平"按钮和"垂直"按钮：单击相应的按钮，可以设置文本的排列方式为水平或垂直方向。

7.1.3　插入特殊字符

在编辑文本时，用户可以为文本对象添加各种特殊符号，使其更具有视觉美感。

插入特殊字符的具体操作步骤如下：

➡（1）输入文字后，在需要插入字符的位置单击，即可出现闪动的光标，如图 7-32 所示。

➡（2）执行"文本"→"插入符号字符"命令，打开"插入字符"泊坞窗，在"字体"下拉列表框中选择需要的符号库，并在符号库中选择需要的符号，如图 7-33 所示。

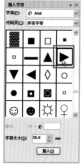

图 7-32　插入字符的位置　　　　图 7-33　在符号库中选择需要的符号

（3）单击"插入"按钮，字符即可插入到文本中指定的位置，如图 7-34 所示。

图 7-34　插入特殊字符

7.1.4　更改文字方向

通常，输入的文字默认以水平方向显示，可以更改为垂直方向显示。

更改文字方向的具体操作步骤如下：

（1）选择需要更改文字方向的文本，如图 7-35 所示。

（2）在属性栏中单击"垂直"按钮▥，即可将水平文字更改为垂直文字显示，如图 7-36 所示。

图 7-35　选择需要更改文字方向的文本

图 7-36　将水平文字更改为垂直文字

7.1.5　更改英文大小写

CorelDRAW X6 中具有更改英文字母大小写的功能，用户可以根据需要选择句首字母大写、全部小写或全部大写等形式。

更改英文大小写的具体操作步骤如下：

（1）选择需要更改英文大小写的文本，如图 7-37 所示。

（2）执行"文本"→"更改大小写"命令，弹出"更改大小写"对话框，选中"首字母大写"单选按钮，如图 7-38 所示。

图 7-37　选择需要更改英文大小写的文本

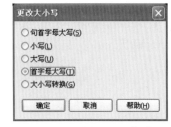

图 7-38　"更改大小写"对话框

专家提醒

"更改大小写"对话框中的各选项含义如下。

● "句首字母大写"单选按钮：可以将当前句子的第 1 个单词的首字母大写。

● "小写"单选按钮：可以将所有的字母转换为小写。

● "大写"单选按钮：可以将所有的字母转换为大写。

● "首字母大写"单选按钮：可以将每个单词的第 1 个字母大写。

● "大小写转换"单选按钮：可以将每个单词的第 1 个字母小写。

（3）单击"确定"按钮，即可更改英文大小写，效果如图 7-39 所示。

图 7-39　更改英文大小写

7.2 段落文本的创建与编辑

段落文本用于添加较大篇幅的文本，常用于杂志、书刊或报刊排版编辑。利用段落文本可以制作出非常复杂、漂亮的版面，在进行文字处理时，可直接使用文本工具输入文字，也可以从其他排版软件中载入文字，根据具体情况选择不同的文字输入方式。

7.2.1 案例精讲——DM 单设计

最终效果图

♥ 案例说明

本例将制作效果如图 7-40 所示的 DM 单，主要练习矩形工具、文本工具、交互式轮廓图工具、交互式阴影工具等基本工具的使用方法。

图 7-40 实例的最终效果

操作步骤：

◯（1）在属性栏中单击"打开"按钮 ，打开本书配套素材中的 7-41 素材，如图 7-41 所示。

◯（2）选择工具箱中的矩形工具，绘制一个矩形，如图 7-42 所示。

◯（3）在属性栏中单击"全部圆角"按钮 ，取消锁定状态，分别设置"左边矩形的边角圆滑度"和"右边矩形的边角圆滑度"数值框均为 5 和 0 ，设置矩形的圆角，并在页面右侧调色板中的绿色色块上右击，更改轮廓颜色，如图 7-43 所示。

◯（4）双击状态栏中的"填充"图标 ，弹出"均匀填充"对话框，设置颜色为浅绿色（C：11；M：0；Y：11；K：0），单击"确定"按钮，填充颜色，效果如图 7-44 所示。

图 7-41 打开的素材

图 7-42 绘制矩形

图 7-43 设置圆角矩形并更改轮廓颜色

图 7-44 填充颜色

（5）按 F8 键调用文本工具，输入字体"童"，然后在属性栏中设置字体为"迷你简娃娃篆"、字号为214，在页面右侧调色板中的紫色色块上单击，填充颜色为紫色，效果如图 7-45 所示。

（6）双击状态栏中的"轮廓笔"图标 ⊠ 无，在弹出的"轮廓笔"对话框中设置"宽度"为 1.5、"颜色"为浅黄色（R：255；G：255；B：189），并选中"后台填充"复选框，单击"确定"按钮，更改轮廓属性，效果如图 7-46 所示。

图 7-45　输入文字　　　　图 7-46　更改轮廓属性

（7）选择工具箱中的交互式轮廓图工具 ▦，在属性栏中单击"向外"按钮 ▣，并设置"轮廓图偏移"为 1.109、"轮廓色"为红色（R：255；G：102；B：102）、"填充色"为粉红色（R：255；G：153；B：204），添加轮廓图效果，如图 7-47 所示。

（8）选择工具箱中的交互式阴影工具，在页面中的"童"字的中心上单击并向下拖曳，添加阴影效果，然后在属性栏中设置"阴影的不透明度"为 84、"阴影羽化"为 1、"阴影颜色"为黑色，更改阴影效果，如图 7-48 所示。

图 7-47　添加轮廓图效果　　图 7-48　添加阴影效果

（9）按 F8 键调用文本工具，在页面中的合适位置单击并拖曳，绘制出一个输入文本框，如图 7-49 所示。

（10）输入段落文字，单击并向上拖曳选中段落文字，在属性栏中设置字体为"黑体"、字号为 16，在页面右侧调色板中的紫色色块上单击，填充颜色为紫色，效果如图 7-50 所示。

图 7-49　绘制文本框　　　图 7-50　输入段落文字

（11）同样的方法，输入其他文字，然后设置字体、字号、颜色，并对相应的文字添加轮廓图效果和阴影效果，得到本例效果，如图 7-51 所示。

图 7-51　本例最终效果

7.2.2　段落文本的创建

为了满足编排各种复杂版面的需要，CorelDRAW X6 中的段落应用了排版系列的框架理念，可以任意地缩放、移动文字框架。美术文字与段落文本的主要区别在于，美术文字是以字元为最小单位，而段落文本则是以句子为最小单位。不过，美术文字和段落文本之间是可以互相转换的。

创建段落文本的具体操作步骤如下：

（1）选择工具箱中的文本工具，在页面中的合适位置单击并拖曳，绘制出一个矩形框，然后释放鼠标，此时在文本框的左上角将显示一个文本光标，如图 7-52 所示。

（2）输入需要的段落文本，如图 7-53 所示（在此框内输入的文本即为段落文本）。

图 7-52　拖曳出矩形文本框

图 7-53　输入的段落文本

（3）在文本内双击，全选文本，在属性栏中设置其字体为"方正大标宋简体"、字号为 15，在页面右侧调色板中的白色色块上单击，设置文本颜色为白色，效果如图 7-54 所示。

（4）选择工具箱中的选择工具，然后在页面的空白位置单击即可结束段落文本的输入状态，将文本的框架范围和控制点显示出来，并移动到合适的位置，如图 7-55 所示。

图 7-54　设置段落文本的属性

图 7-55　结束段落文本的输入状态

7.2.3　调整段落文本框架

当创建的文本框架不能容纳所输入的文字内容时，可通过调整文本框架来解决。

调整段落文本框架的具体操作步骤如下：

（1）在文本框架上方或下方的控制点 □ 上单击并向上或向下拖曳，即可增加或者缩短框架的长度，如图 7-56 所示，也可以拖曳其他控制点调整文本框架的大小。

（2）如果文本框架下方正中的控制点变成 ▼ 形状，则表示文本框中的文字没有显示出来，如图 7-57 所示。

（3）如果框正下方的控制点呈 □ 形状，则表示文本框中的文本已全部显示出来，如图 7-58 所示。

图 7-56　调整文本框架的大小　　　　图 7-57　文本框中的文字没有显示出来　　　图 7-58　文本框中的文本已全部显示出来

7.2.4　设置段落文本的分栏

文本分栏是指按分栏的形式将段落文本分为两个或两个以上的文本框，可以对其中文本进行排列。在文字篇幅较多的情况下，使文本分栏方便读者进行阅读。

对段落文本分栏的具体操作步骤如下：

（1）使用工具箱中的选择工具选中需要分栏的段落文本，如图 7-59 所示。

（2）执行"文本"→"栏"命令，弹出"栏设置"对话框，在"栏数"数值框中输入数值（本例输入数值为 2），选中"栏宽相等"复选框和"预览"复选框，如图 7-60 所示。

（3）完成设置后，单击"确定"按钮，即可将段落文本进行分栏，如图 7-61 所示。

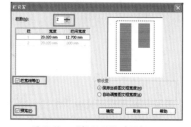

图 7-59　选中需要分栏的段落文本　　　　图 7-60　"栏设置"对话框　　　　　图 7-61　将段落文本进行分栏

另外，使用文本工具拖曳段落文本框，可以改变栏和装订线的大小，也可以通过选择控制柄的方式进行调整，如图 7-62 所示。

图 7-62　更改栏和装订线的大小

7.2.5　设置段落文本的项目符号

CorelDRAW X6 为用户提供了丰富的项目符号样式，通过对项目符号进行设置，可以在段落文本的句首添加各种项目符号。

设置段落文本项目符号的具体操作步骤如下：

⬇（1）使用工具箱中的选择工具选中需要添加项目符号的段落文本，如图 7-63 所示。

⬇（2）执行"文本"→"项目符号"命令，弹出"项目符号"对话框，选中"使用项目符号"复选框，在"字体"下拉列表框中选择项目符号的字体，在"符号"下拉列表框中选择系统提供的符号样式，在"大小"数值框中输入适当的符号大小值，并在"基线位移"数值框中输入数值，在"间距"选项区中设置各选项，如图 7-64 所示。

⬇（3）单击"确定"按钮，即可为段落文本添加项目符号，如图 7-65 所示。

图 7-63　选中需要添加项目符号的段落文本

图 7-64　"项目符号"对话框

图 7-65　添加项目符号后的效果

7.2.6　段落文本的链接

当文本框中的文本比较长时，可以通过链接文本的方式将一个段落文本分成多个文本框链接。文本框链接可移动到一个页面的不同位置，也可以在不同页面中进行链接，它们之间始终是互相关联的。

1．段落文本与文本框的链接

当段落文本中的文字过多，超出了绘制的文本框中所能容纳的范围时，文本框下方将出现 ▼ 标记，说明文字未被完全显示，此时可将隐藏的文字链接到其他的文本框中。这种方法在进行文字量很大的排版工作中很有用，尤其是多页面排版的时候。

段落文本与文本框链接的具体操作步骤如下：

⬇（1）使用选择工具选中段落文本，然后移动光标至文本框下方的 ▼ 标记上，此时鼠标指针呈双向箭头形状⬍，如图 7-66 所示。

⬇（2）单击鼠标左键，光标变成 🔲 形状，在页面上的其他位置按下鼠标左键拖曳出一个段落文本框，如图 7-67 所示。

⬇（3）此时被隐藏的部分文本将自动转换到新创建的链接文本框中，如图 7-68 所示。

图 7-66　光标状态

图 7-67　拖曳出一个段落文本框

图 7-68　新创建的链接文本框

2．段落文本与对象的链接

段落文本可以链接到绘制的图形中。段落文本与对象链接的具体操作步骤如下：

（1）使用选择工具选择段落文本，然后移动光标至文本框下方的▽标记上，此时鼠标指针呈双向箭头形状↕，单击鼠标左键，光标变成⬛形状，将光标移至图形对象上时将变成➡形状，如图 7-69 所示。

（2）单击正圆对象，即可将文本链接到图形对象中，如图 7-70 所示。

图 7-69　鼠标指针形状　　　　图 7-70　链接文本到图形对象

（3）选择原段落文本，按 Delete 键将其删除，如图 7-71 所示。

（4）选择工具箱中的文本工具，在链接后的图形对象上单击，当对象四周出现控制点后，在下方的▽标记上单击，并移动光标至下一个图形上，当光标变成➡形状后单击该对象，即可创建第 2 个文本链接，如图 7-72 所示。

图 7-71　删除原段落文本　　　　图 7-72　第 2 个链接文本效果

（5）同样的方法，在第 3 个图形对象上创建链接文本，如图 7-73 所示。

（6）在文字内双击，选中所有文字，并在属性栏中设置字号为 13，更改文字大小，效果如图 7-74 所示。

图 7-73　段落文本与对象的链接　　　　图 7-74　更改字体大小

专家提醒　　用于链接的图形对象必须是封闭图形，用户也可以绘制任意形状的图形对文本进行链接。使用选择工具选中文本框或对象，然后执行"排列"→"拆分"命令可取消链接。

3．链接不同页面上的段落文本框

段落文本还可以链接到不同的页面上。

链接不同页面上的段落文本框的具体操作步骤如下：

（1）使用选择工具选中段落文本，单击文本框下面的▽图标，如图 7-75 所示。

（2）切换至"页面 2"中，在页面中的图形上单击，即可建立页面间的链接，如图 7-76 所示。

（3）切换至页面 1 中删除原段落文本，切换至页面 2 中将文本链接到各个图形对象上，并设置字体的大小，效果如图 7-77 所示。

图 7-75 单击 ▼ 图标

图 7-76 创建页面间的链接

图 7-77 将文本链接到各个图形对象上

7.3 图文混排的创建与编辑

在排版设计中，在有限的范围内能使图形图像与文字达到规整、有序的排版效果，是专业排版人员必须掌握的技能。接下来将为读者讲解在 CorelDRAW X6 中进行图文混排的 3 种常用方法。

7.3.1 创建路径文本

在设计过程中，为了使文字与图案造型紧密地结合到一起，通常会应用将文本沿路径排列的设计方式，使文字具有更多的外观变化。

创建路径文本的具体操作步骤如下：

➡（1）打开一幅素材图形，选择工具箱中的文本工具，将光标移至路径边缘，光标呈现 I⌒ 形状，如图 7-78 所示。

➡（2）单击曲线路径，会出现输入文本的光标，如图 7-79 所示。

图 7-78 光标形状

图 7-79 出现输入文本的光标

➡（3）在路径上输入所需的文字，如图 7-80 所示。

➡（4）在属性栏中设置字体，在调色板中设置颜色，效果如图 7-81 所示。

图 7-80 输入路径文字

图 7-81 设置文本属性

➡（5）在调色板中的"无"图标上右击，隐藏路径，效果如图 7-82 所示。

图 7-82 隐藏路径

若同时选择文本和路径，执行"文本"→"使文本适合路径"命令，也可以完成文本沿路径排列的操作，如图 7-83 所示。

若同时选择文本和路径，执行"排列"→"拆分在同一路径上的文本"命令，可以将文字与路径分离，且分离后的文字仍保持之前的状态，如图 7-84 所示。

图 7-83 文本沿路径排列的操作　　图 7-84 分离路径和文本

选择沿路径排列的文字与路径，可以在如图 7-85 所示的属性栏中修改其属性，以改变文字沿路径排列的方式。

图 7-85 路径文本属性栏

路径文本属性栏中的主要选项含义如下。

● "文字方向"列表框：在该列表框中可以选择文本在路径上排列的方向。图 7-86 所示为选择不同方向后的排列效果。

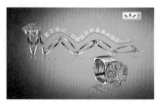

图 7-86 选择不同方向后的排列效果

● "与路径的距离"数值框：用于设置文本沿路径排列后两者之间的距离。图 7-87 所示为设置数值为 9 时的效果。

● "水平偏移"数值框：用于设置文本起始点的偏移量。图 7-88 所示为设置数值为 15 时的效果。

图 7-87 文本与路径的距离　　图 7-88 文本起始点的偏移

● "水平镜像"按钮：单击该按钮，可以使文本在曲线路径上水平镜像，如图 7-89 所示。

● "垂直镜像"按钮：单击该按钮，可以使文本在曲线路径上垂直镜像，如图 7-90 所示。

图 7-89 水平镜像文本　　图 7-90 垂直镜像文本

7.3.2 创建内置文本

除创建沿路径排列文本外，用户还可以直接在封闭路径中输入文本。

1．直接在封闭路径中输入文本

直接在封闭路径中输入文本的具体操作步骤如下：

（1）创建一个封闭路径，如图 7-91 所示。

（2）选择工具箱中的文本工具，将鼠标指针移至封闭路径内的边缘，此时鼠标指针呈 形状，如图 7-92 所示。

图 7-91　创建的封闭路径

图 7-92　鼠标指针的形状

（3）单击鼠标左键，然后输入文字，如图 7-93 所示，即可在封闭路径中输入文本。

（4）使用选择工具选中封闭路径，在调色板中单击⊠图标，隐藏路径，效果如图 7-94 所示。

图 7-93　在封闭路径中输入文本

图 7-94　隐藏路径

2．将已存在文本添加到路径内

将已存在文本添加到路径内的具体操作步骤如下：

（1）输入一段文字并创建一个封闭路径，如图 7-95 所示。

（2）在文字上右击并拖曳文本至封闭路径内，此时鼠标指针呈十字形的圆环 形状，如图 7-96 所示。

图 7-95　文字和封闭路径

图 7-96　鼠标指针的形状

（3）释放鼠标，此时会弹出快捷菜单，选择"内置文本"命令，如图 7-97 所示。

（4）文本将自动置入到封闭的路径内，如图 7-98 所示。

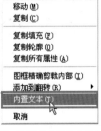

图 7-97　选择"内置文本"命令

图 7-98　文本自动置入到封闭路径内

7.3.3　创建文本绕图

文本绕图是指在图形外部沿着图形的外框形状进行文本的排列。

创建文本绕图的具体操作步骤如下：

➡ （1）输入段落文本并导入一幅图像，如图 7-99 所示。

➡ （2）使用选择工具在图像上右击，弹出快捷菜单，选择"段落文本换行"命令，如图 7-100 所示。

图 7-99　输入段落文本并导入一幅图像　　图 7-100　选择"段落文本换行"命令

➡ （3）段落文本即可绕图像进行排列，移动图像的位置，效果如图 7-101 所示。

➡ （4）保持图像处于选取状态，单击属性栏中的"段落文本换行"按钮，弹出如图 7-102 所示的面板，在其中可以对换行属性进行设置。图 7-103 所示为分别选择"文本从左向右"、"文本从右向左排"和"上／下"选项后的排列效果。

图 7-101　段落文本绕图像进行排列　　图 7-102　"段落文本换行"面板

图 7-103　"文本从左向右"、"文本从右向左排"和"上／下"选项的排列效果

专家提醒　　文本绕图功能不能应用于美术文本中，如果要执行该功能，必须先将美术文本转换为段落文本。执行"文本"→"转换为段落文本"命令或按 Ctrl ＋ F8 组合键，即可将美术文本转换为段落文本。

7.4 ┃ 拓展应用——制作 POP 广告

练习制作 POP 广告，最终效果如图 7-104 所示。本例首先利用椭圆形工具、渐变工具制作出 POP 广告的主体图像，然后利用文本工具、"转换为曲线"命令、贝塞尔工具、星形工具制作出 POP 广告的文字效果。

图 7-104　POP 广告

制作 POP 广告的主要步骤如下：

➡（1）使用工具箱中的矩形工具、渐变工具、图框精确剪裁、交互式透明工具制作出 POP 广告的主体图像，如图 7-105 所示。

➡（2）使用工具箱中的文本工具、"转换为曲线"命令、贝塞尔工具、星形工具制作出 POP 广告的文字效果，如图 7-106 所示。

图 7-105　POP 广告的主体图像

图 7-106　POP 广告的文字效果

7.5　边学边练——水晶字

使用椭圆形工具、形状工具、渐变填充工具等绘制出如图 7-107 所示的水晶字。

图 7-107　水晶字

第8章

位图处理与位图滤镜特效

CorelDRAW X6 不仅是一款出色的矢量图形处理软件，还具有强大的位图处理功能，如裁剪位图、调整位图色调等。另外，还可以为位图添加很多特殊效果，如三维效果、艺术笔触、模糊、轮廓图、扭曲、杂点和鲜明化等，用户可以使用这些滤镜制作出不同的艺术图像效果。

8.1 编辑位图

用户可以在当前文件中导入位图，进行位图与矢量图形的转换，变换位图并对位图应用颜色遮罩效果。

8.1.1 案例精讲——梦幻花边

 案例说明

本例将制作效果如图 8-1 所示的梦幻花边，主要练习矩形工具、椭圆形工具、焊接、复制、再制、交互式透明工具等的使用方法。

最终效果图

图 8-1 实例的最终效果

操作步骤：

⬇（1）选择工具箱中的矩形工具，绘制一个"对象大小"为 275×185 的矩形，然后按 F11 键，弹出"渐变填充"对话框，设置"类型"为"射线"、"边界"为 13、起点色块的颜色为暗紫色（C：31；M：100；Y：47；K：40）、位置 20% 的颜色为暗紫色（C：26；M：100；Y：43；K：21）、位置 33% 为紫色（C：20；M：100；Y：39；K：2）、位置 81% 和终点色块的颜色均为洋红色（C：0；M：99；Y：26；K：0），单击"确定"按钮，进行渐变填充，并在属性栏的"轮廓宽度"列表框中选择"无"选项，去掉轮廓，效果如图 8-2 所示。

➡（2）选择工具箱中的椭圆形工具，绘制 6 个"对象大小"均为 2.7 的正圆和一个"对象大小"均为 5 的正圆，如图 8-3 所示。

➡（3）使用选择工具框选 7 个正圆，单击属性栏中的"焊接"按钮，焊接选中的正圆，如图 8-4 所示。

图 8-2 绘制矩形并渐变填充

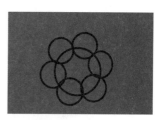

图 8-3 绘制 7 个正圆

图 8-4 焊接正圆

（4）在按住 Shift 键的同时向内和向外拖曳至合适的位置，每次右击，缩放并复制图形，接着对相应的图形进行旋转操作，效果如图 8-5 所示。

（5）选中最大的花瓣图形，选择工具箱中的轮廓笔工具，弹出"轮廓笔"对话框，设置"颜色"为浅紫色（C：0；M：36；Y：1；K：0）、"宽度"为"发丝"，单击"确定"按钮，更改轮廓属性，效果如图 8-6 所示。

图 8-5　缩放并复制图形　　　　图 8-6　更改轮廓属性

（6）在按住 Alt 键的同时，单击由外向内的第 2 个花瓣，然后按住 Shift 键，加选最小的花瓣，按 Shift + F11 组合键，弹出"均匀填充"对话框，设置颜色为浅紫色（C：0；M：50；Y：10；K：0），单击"确定"按钮，填充颜色，并在属性栏中设置"轮廓宽度"为"无"，去掉轮廓，效果如图 8-7 所示。

图 8-7　填充花瓣并去掉轮廓

（7）在按住 Alt 键的同时，单击由外向内的第 2 个花瓣，然后按住 Shift 键，加选黑色轮廓的花瓣，在属性栏中单击"简化"按钮，简化图形，接着选中黑色轮廓的花瓣，按 Delete 键，删除黑色轮廓花瓣，效果如图 8-8 所示。

（8）框选所有花瓣，选择交互式透明工具，在属性栏中设置"透明度类型"为"标准"、"开始透明度"为 65，添加透明效果，如图 8-9 所示。

图 8-8　简化并删除图形　　　　图 8-9　添加透明效果

（9）使用选择工具，将其拖曳至合适的位置，然后右击，移动并复制花瓣图形，在属性栏中设置"旋转"为 10.6，旋转花瓣图形，如图 8-10 所示。

（10）同样的方法，移动并复制两组花瓣图形，并进行旋转操作，框选最后一组花瓣图形，选择工具箱中的交互式透明工具，在属性栏中设置"开始透明度"为 85，降低透明度，效果如图 8-11 所示。

图 8-10　移动、复制、旋转花瓣图形　　　图 8-11　复制花瓣图形

（11）在按住 Shift 键的同时，将其向右拖曳至合适的位置，然后右击，水平移动并复制图形，效果如图 8-12 所示。

（12）按 4 次 Ctrl + D 组合键，再制图形，效果如图 8-13 所示。

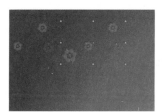

图 8-12　水平移动并复制图形

图 8-13　再制图形

（13）同样的方法，移动并复制花瓣图形，并降低相应花瓣的透明度，效果如图 8-14 所示。

（14）在按住 Shift 键的同时，将其向右拖曳至合适的位置，然后右击，水平移动并复制图形，按 4 次 Ctrl + D 组合键再制图形，效果如图 8-15 所示。

图 8-14　移动并复制花瓣图形

图 8-15　移动、复制、再制图形

（15）同样的方法，移动并复制相应的花瓣图形，效果如图 8-16 所示。

（16）按 Ctrl + I 组合键，导入本书配套素材中的 8-17 素材，得到本例效果，如图 8-17 所示。

图 8-16　移动并复制相应的花瓣图形

图 8-17　本例最终效果

8.1.2　链接和嵌入位图

在 CorelDRAW X6 中，可以将 CorelDRAW 文件作为链接或嵌入的对象插入到其他应用程序中，也可以在其中插入链接或嵌入的对象。链接的图像与其源文件之间始终保持着链接，而嵌入的图像与其源文件是没有链接关系的，它集成到活动文档中。

1．链接位图

链接位图与导入位图有很大的区别，导入的位图可以在 CorelDRAW X6 中进行编辑和修改，例如调整图像颜色和应用滤镜特殊效果，而链接到 CorelDRAW X6 中的位图却不能进行修改。若要修改链接的位图，就必须在创建源文件的原软件中进行修改。

链接位图的具体操作步骤如下：

（1）执行"文件"→"导入"命令，弹出"导入"对话框，选择需要链接的位图，并选中"外部链接位图"复选框，如图 8-18 所示。

（2）单击"导入"按钮，此时鼠标指针呈形状，同时在光标右下角显示图像的相关信息，在合适的位置单击，即可链接位图，如图 8-19 所示。

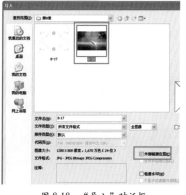

图 8-18　"导入"对话框

图 8-19　链接位图

若要修改链接到 CorelDRAW X6 中的位图，必须在创建源文件的软件中进行，例如链接的图像是 PSD 格式的，则必须在 Photoshop 中进行修改，在修改源文件后，执行"位图"→"自链接更新"命令，即可更新链接的图像。若要直接在 CorelDRAW X6 中编辑和修改链接的图像，需要执行"位图"→"中断链接"命令，断开位图与源文件的链接，这样，CorelDRAW X6 就会将该图像作为一个独立的对象处理，同样原软件中对源文件进行了修改，也不会影响 CorelDRAW X6 中对应的位图。

2．嵌入位图

嵌入位图的具体操作步骤如下：

（1）执行"编辑"→"插入新对象"命令，弹出"插入新对象"对话框，选中"由文件创建"单选按钮，如图 8-20 所示。

（2）单击"浏览"按钮，弹出"浏览"对话框，选择需要嵌入的位图图像，如图 8-21 所示。

（3）单击"打开"按钮，返回到"插入新对象"对话框，单击"确定"按钮，即可将该图像嵌入到 CorelDRAW X6 中。

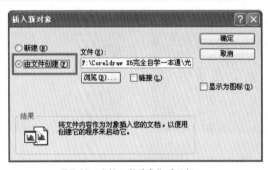

图 8-20 "插入新对象"对话框

图 8-21 "浏览"对话框

8.1.3 将矢量图转换成位图

用户可以将绘制好的图形或者其他矢量图转换为位图图像，这样就可以为矢量图应用各种位图效果，使效果更加完美。

将矢量图转换成位图的具体操作步骤如下：

（1）打开需要转换的矢量图形文件，使用工具箱中的选择工具选择需要转换的矢量图形，如图 8-22 所示。

（2）执行"位图"→"转换为位图"命令，弹出"转换为位图"对话框，在"分辨率"下拉列表框中选择合适的分辨率大小，也可直接在数值框中输入合适的数值，例如输入 200dpi，在"颜色模式"下拉列表框中选择需要的颜色模式，例如选择"CMYK 色（32 位）"选项，如图 8-23 所示。

图 8-22 选择需要转换的矢量图形

图 8-23 "转换为位图"对话框

专家提醒

"转换为位图"对话框中的主要选项含义如下。
● "分辨率"下拉列表框：用于设置转换成位图后的分辨率，数值越高，图像越清晰。
● "颜色模式"下拉列表框：在该下拉列表框中可以选择矢量图转换成位图后的颜色类型。
● "光滑处理"复选框：可以使图形在转换过程中消除锯齿，使边缘更加平滑。
● "透明背景"复选框：选中该复选框后，设置位图的背景为透明。

（3）单击"确定"按钮，即可将矢量图形转换为位图，如图 8-24 所示。若使用缩放工具放大该图像的局部视图，可以看到构成位图的像素块，如图 8-25 所示。

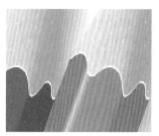

图 8-24　转换为位图　　　　　图 8-25　放大显示效果

8.1.4　将位图转换成矢量图

同样，在 CorelDRAW X6 中可以将位图转换为矢量图进行编辑处理。使用"快速临摹"命令，可以将位图转换为矢量图。

将位图转换成矢量图的具体操作步骤如下：

（1）导入需要转换的位图图像，使用工具箱中的选择工具选择需要转换的位图图像，如图 8-26 所示。

（2）执行"位图"→"快速描摹"命令，系统将自动根据位图临摹出一幅矢量图，如图 8-27 所示。

图 8-26　选择需要转换的位图图像　　　　图 8-27　转换成矢量图形

执行"位图"→"描摹位图"命令，将弹出如图 8-28 所示的子菜单，其中为用户提供了 6 种将位图转换为矢量图形的命令，包括线条图、徽标、详细徽标、剪贴画、低质量图像、高质量图像，每一种命令的效果都不同，用户可以根据需要选择相应的命令进行操作，并且随着所选命令的不同，属性栏中显示的设置选项也会不同。

图 8-28　"描摹位图"子菜单命令

8.1.5　编辑位图

用户可以使用 CorelDRAW X6 提供的附加程序 CorelPHOTO-PAINT X6 编辑位图。

编辑位图的具体操作步骤如下：

➡️（1）选择需要编辑的位图，如图 8-29 所示。

➡️（2）执行"位图"→"编辑位图"命令，启动 CorelDRAW X6 提供的 CorelPHOTO-PAINT X6 程序，在其中对位图进行相应的编辑处理，这里执行"位图"→"艺术笔触"→"彩色蜡笔画"命令，单击"保存"按钮，关闭 CorelPHOTO-PAINT X6 程序，编辑后的效果如图 8-30 所示。

图 8-29　选择需要编辑的位图

图 8-30　水彩画效果

8.1.6 重新取样位图

用户通过重新取样，可以增加像素以保留原始图像的更多细节。

在导入图像时对位图重新取样的具体操作步骤如下：

🔽（1）执行"文件"→"导入"命令，弹出"导入"对话框，选择需要导入的位图，在"全图像"下拉列表框中选择"重新取样"选项，如图 8-31 所示。

🔽（2）单击"导入"按钮，弹出"重新取样图像"对话框，如图 8-32 所示，在其中更改图像的尺寸大小、分辨率等，从而达到控制文件大小和图像质量的目的。

🔽（3）设置参数后，单击"确定"按钮，此时鼠标指针呈 形状，同时在光标右下角将显示图像的相关信息，在合适的位置单击，即可重新取样图像，如图 8-33 所示。

图 8-31　"导入"对话框

图 8-32　"重新取样图像"对话框

图 8-33　重新取样图像

用户也可以将图像导入到当前文件后再对位图进行重新取样，具体操作步骤如下：

➡️（1）选择需要重新取样的图像，执行"位图"→"重新取样"命令，弹出"重新取样"对话框，设置各选项如图 8-34 所示。

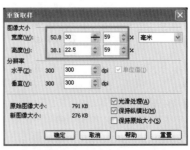

图 8-34　"重新取样"对话框

"重新取样"对话框中的主要选项含义如下。

● "图像大小"选项区：用于设置图像的宽度和高度及使用的单位。

● "分辨率"选项区：用于设置图像在水平和垂直方向上的分辨率。

● "光滑处理"复选框：用于消除图像中的锯齿，使图像边缘更平滑。

● "保持纵横比"复选框：可以在变换过程中保持原图的大小比例。

● "保持原始大小"复选框：可以使变换后的图像仍然保持原来尺寸的大小。

（2）单击"确定"按钮，即可显示重新取样结果。

8.1.7 裁剪位图

在设计过程中，因为文件编排的需要，往往只需要导入位图中的一部分，而将不需要的部分裁剪掉。

裁剪位图的具体操作步骤如下：

➡ （1）执行"文件"→"导入"命令，在弹出的"导入"对话框中选择需要导入的位图，在"全图像"下拉列表框中选择"裁剪"选项，如图8-35所示。

➡ （2）单击"导入"按钮，弹出"裁剪图像"对话框，在预览区域中拖动裁剪框四周的控制柄，控制图像的裁剪范围，如图8-36所示。

图8-35 选择"裁剪"选项　　　图8-36 "裁剪图像"对话框

专家提醒　　在"裁剪图像"对话框的预览区域中拖曳裁剪框，可调整裁剪框的位置，被框选的图像将被导入到文件中，其余部分将被裁掉；在"选择要裁剪的区域"选项区中通过输入数值精确地调整裁剪框的大小；若用户对裁剪区域不满意，可单击"全选"按钮，重新设置修剪参数。

➡ （3）单击"确定"按钮，此时鼠标指针呈 ⌐ 形状，同时在光标右下角将显示图像的相关信息，在合适的位置单击，即可裁剪图像，如图8-37所示。

图8-37 裁剪图像

8.2 调整位图的色调

在CorelDRAW X6中，根据设计的需要可以将位图进行调整，例如调整图像的色调、饱和度、亮度等，从而得到完美的效果。

8.2.1 案例精讲——调亮图像

最终效果图

💜 案例说明

本例将制作效果如图 8-38 所示的调色图像，主要练习"导入"命令、"亮度/对比度/强度"命令等的使用方法。

图 8-38 实例的最终效果

操作步骤：

➡ （1）执行"文件"→"导入"命令，导入本书配套素材中的 8-39 素材，如图 8-39 所示。

➡ （2）使用工具箱中的选择工具选中刚导入的图像，执行"效果"→"调整"→"亮度/对比度/强度"命令或按 Ctrl＋B 组合键，弹出"亮度/对比度/强度"对话框，单击左上角的显示预览框按钮，此时鼠标指针呈手的形状，在预览显示区上右击，缩小图像的显示，如图 8-40 所示。

图 8-39 打开的素材

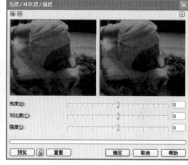

图 8-40 "亮度/对比度/强度"对话框

➡ （3）在对话框中设置"亮度"为 22、"对比度"为 2、"强度"为 18，并单击"预览"按钮，如图 8-41 所示。

➡ （4）单击"确定"按钮，即可调亮图像，得到本例效果，如图 8-42 所示。

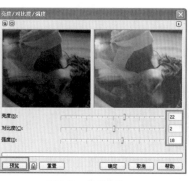

图 8-41 设置参数

图 8-42 本例最终效果

8.2.2　颜色平衡

使用"颜色平衡"命令可以将青色或红色、品红或绿色、黄色或蓝色添加到位图中选定的色调中，允许改变位图中的CMYK印刷色谱在红、黄、绿、青、蓝和品红色谱中的百分比，从而改变颜色。

选中位图，执行"效果"→"调整"→"颜色平衡"命令，弹出"颜色平衡"对话框，如图8-43所示。

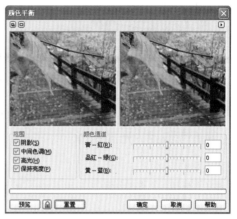

图8-43　"颜色平衡"对话框

在"范围"选项区中可以选择色彩平衡的区域，主要包括阴影、中间色调、高光和保持亮度；若选中"保持亮度"复选框，表示在应用颜色校正的同时保持绘图的亮度级，禁用时表示颜色校正将影响绘图的颜色变深。"颜色通道"选项区用于设置颜色的级别，拖动"青—红"滑块向右移动表示添加红色，向左移动表示添加青色；拖动"品红—绿"滑块向右移动表示添加绿色，向左移动表示添加洋红色；拖动"黄—蓝"滑块向右移动表示添加蓝色，向左移动表示添加黄色。单击"预览"按钮，可预览当前参数设置下的对象效果；单击"重置"按钮，可将参数值复原为默认值。

图8-44所示为图像调整颜色平衡前后的对比效果。

图8-44　原图与调整颜色平衡后的对比效果

8.2.3　亮度/对比度/强度

使用"亮度/对比度/强度"命令可以调整位图中所有颜色的亮度及明亮区域与暗色区域之间的差异。

执行"效果"→"调整"→"亮度/对比度/强度"命令，弹出"亮度/对比度/强度"对话框，在其中拖动滑块可以设置对象亮度、对比度、强度的调整值，也可以在其后的文本框中直接输入数值，如图8-45所示。

图8-46所示为图像调整亮度/对比度/强度前后的对比效果。

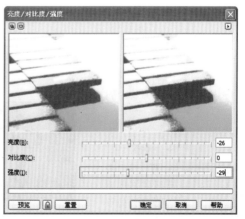

图8-45　"亮度/对比度/强度"对话框

图 8-46 原图与调整亮度 / 对比度 / 强度后的对比效果

8.2.4 色度 / 饱和度 / 光度

使用"色度 / 饱和度 / 亮度"命令可以调整位图中的色谱通道，并更改色谱中颜色的位置，这种效果可以更改所选对象的颜色和浓度，以及对象中白色所占的百分比。

执行"效果"→"调整"→"色度 / 饱和度 / 亮度"命令，弹出"色度 / 饱和度 / 亮度"对话框，在对话框中可以对位图的色度、饱和度和亮度进行调整，如图 8-47 所示。

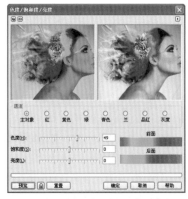

图 8-47 "色度 / 饱和度 / 亮度"对话框

图 8-48 所示为图像调整色度 / 饱和度 / 亮度前后的对比效果。

图 8-48 原图与调整色度 / 饱和度 / 亮度后的对比效果

8.2.5 替换颜色

使用"替换颜色"命令可以对图像中的颜色进行替换。在替换过程中不仅可以对颜色的色度、饱和度、亮度进行控制，还可以对替换的范围进行灵活的控制。

替换颜色的具体操作步骤如下：

➡（1）导入本书配套素材中的 8-49 素材，如图 8-49 所示。

➡（2）选中刚导入的图像，执行"效果"→"调整"→"替换颜色"命令，弹出"替换颜色"对话框，单击"原颜色"选项右侧的吸管按钮 🖉，移动鼠标指针至位图的黄色处单击，取样颜色，如图 8-50 所示。

图 8-49 打开的素材

图 8-50 取样颜色

（3）在对话框中设置"色度"为 -66、"饱和度"为 -10、"亮度"为 -16、"范围"为 12，如图 8-51 所示。

（4）单击"确定"按钮，即可替换颜色，效果如图 8-52 所示。

图 8-51　设置参数

图 8-52　替换颜色

8.2.6　调合曲线

使用"调合曲线"命令可以改变图像中单个像素的值，包括改变阴影、中间色和高光等，以精确地修改图像局部的颜色。

使用"调合曲线"命令调整图像的具体操作步骤如下：

（1）导入本书配套素材中的 8-53 素材，如图 8-53 所示。

（2）选中刚导入的图像，执行"效果"→"调整"→"调合曲线"命令，弹出"调合曲线"对话框，在曲线编辑区中的曲线上单击，可以添加一个结点，移动该结点，可以调整曲线的形状，单击"预览"按钮，可以观察调节的色调效果，如图 8-54 所示。

图 8-53　打开的素材

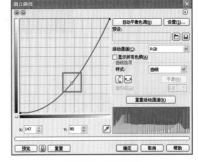

图 8-54　取样颜色

专家提醒　默认情况下，将曲线上的控制点向上移动可以使图像变亮，反之则变暗，调整为 S 形的曲线可以使图像中原来亮的部位越亮，使原来暗的部位越暗，以提高图像的对比度。

（3）设置好调整色调的参数后，单击"确定"按钮，即可精确地修改图像局部的色调，如图 8-55 所示。

图 8-55　精确地修改图像局部的色调

8.2.7　通道混合器

使用"通道混合器"命令可以对所选图像中的各个单色通道进行调整，这是一种更高级的调整色彩平衡的工具。

执行"效果"→"调整"→"通道混合器"命令，弹出"通道混合器"对话框，在该对话框中可以选择要处理位图图像的色彩模式、色彩通道，如图 8-56 所示。

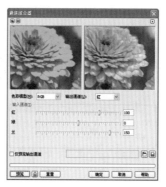

图 8-56　"通道混合器"对话框

图 8-57 所示为图像调整通道混合器前后的对比效果。

图 8-57　原图与调整通道混合器后的对比效果

8.3 位图滤镜效果

使用位图滤镜可以在位图中创建一些普通编辑难以完成的特殊效果。在 CorelDRAW X6 的"位图"菜单中，不同的滤镜效果按分类的形式被整合在一起，不同的滤镜可以产生不同的效果，用户恰当地使用这些滤镜效果，可以丰富画面，使图像产生意想不到的视觉效果。

8.3.1 案例精讲——暴风雪效果

最终效果图

❤ 案例说明

本例将制作效果如图 8-58 所示的暴风雪效果，主要练习"导入"命令、天气滤镜等的使用方法。

图 8-58　实例的最终效果

操作步骤：

⬇（1）执行"文件"→"导入"命令，导入本书配套素材中的 8-59 素材，并调整图像大小为 141 和 192，如图 8-59 所示。

⬇（2）执行"位图"→"创造性"→"天气"命令，弹出"天气"对话框，设置"浓度"为 5、"大小"为 2，并单击"预览"按钮，如图 8-60 所示。

⬇（3）单击"确定"按钮，为图像添加暴风雪效果，得到本例效果，如图 8-61 所示。

图 8-59 打开的素材

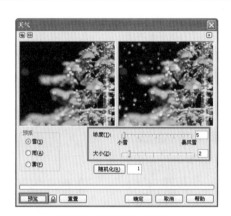
图 8-60 "天气"对话框

图 8-61 本例最终效果

8.3.2 三维效果滤镜组

三维效果滤镜组用于为位图添加各种模拟 3D 立体效果，如三维旋转、柱面、浮雕、卷页、透视、挤远/挤近和球面。

执行"位图"→"三维效果"命令，会弹出如图 8-62 所示的子菜单，其中列出了 CorelDRAW 提供的 7 种三维效果。

图 8-62 "三维效果"子菜单命令

下面介绍其中常用的 4 种三维效果滤镜。

1．三维旋转滤镜

使用三维旋转滤镜可以使图像产生一种立体的画面旋转透视效果。

执行"位图"→"三维效果"→"三维旋转"命令，将弹出"三维旋转"对话框，如图 8-63 所示，在其中可以通过拖放三维模型（位于滤镜对话框左下方）在三维空间中旋转图像，也可以在水平或者垂直文本框中输入旋转值。

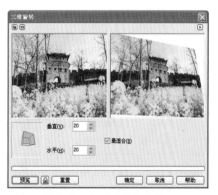
图 8-63 "三维旋转"对话框

图 8-64 所示为图像添加三维旋转滤镜前后的对比效果。

图 8-64　原图与添加三维旋转滤镜后的对比效果

2．浮雕滤镜

浮雕滤镜用于在对象上创建凸起或者凹陷的效果，通过修改图像的光源，完成浮雕效果。

执行"位图"→"三维效果"→"浮雕"命令，将弹出"浮雕"对话框，如图 8-65 所示，其中的"深度"滑块用于设置浮雕效果中凸起区域的深度；"层次"滑块用于设置浮雕效果的背景颜色总量；"方向"数值框用于设置浮雕效果采光的角度；"浮雕色"选项区用于将创建浮雕所使用的颜色设置为原始颜色、灰色、黑色或其他颜色。

图 8-66 所示为图像添加浮雕滤镜后的效果。

图 8-65　"浮雕"对话框　　　　　　　　　　　图 8-66　浮雕滤镜效果

3．卷页滤镜

卷页滤镜可以为位图添加一种类似于卷起页一角的卷曲效果。

执行"位图"→"三维效果"→"卷页"命令，将弹出"卷页"对话框，如图 8-67 所示，在该对话框中可以选择页面卷曲的方向，设置卷曲的区域为透明或不透明等。

图 8-68 所示为图像添加卷页滤镜后的效果。

图 8-67　"卷页"对话框　　　　　　　　　　　图 8-68　卷页滤镜效果

4．挤远／挤近滤镜

挤远／挤近滤镜可以使图像相对于某个点弯曲，产生接近或拉远的效果。

执行"位图"→"三维效果"→"挤远／挤近"命令，将弹出"挤远／挤近"对话框，如图 8-69 所示，在该对话框中可以设置变形的中心位置以及图像挤远或挤近变形的强度。

图 8-70 所示为图像添加挤远／挤近滤镜后得到的挤远效果和挤近效果。

图 8-69　"挤远／挤近"对话框

图 8-70　挤远效果和挤近效果

8.3.3　艺术笔触滤镜组

艺术笔触滤镜组用于为图像添加一些特殊的美术技法效果，例如炭笔画、印象派等。执行"位图"→"艺术笔触"命令，将弹出如图 8-71 所示的子菜单，其中包含了 14 个滤镜。

炭笔画(C)…
单色蜡笔画(O)…
蜡笔画(P)…
立体派(U)…
印象派(I)…
调色刀(K)…
彩色蜡笔画(A)…
钢笔画(E)…
点彩派(L)…
木版画(S)…
素描(K)…
水彩画(W)…
水印画(M)…
波纹纸画(Y)…

图 8-71　"艺术笔触"子菜单命令

下面介绍其中常用的 4 种艺术笔触滤镜。

1．炭笔画滤镜

炭笔画滤镜可以使图像具有类似于炭笔绘制的画面效果。

执行"位图"→"艺术笔触"→"炭笔画"命令，将弹出"炭笔画"对话框，如图 8-72 所示，其中炭笔的大小和边缘的浓度可以在 1 ～ 10 之间调整。

图 8-72　"炭笔画"对话框

图 8-73 所示为图像添加炭笔画滤镜前后的对比效果。

图 8-73　原图与添加炭笔画滤镜后的对比效果

2．印象派滤镜

印象派绘画是一种原始的艺术方式，印象派滤镜模拟了油性颜料生成的效果。

执行"位图"→"艺术笔触"→"印象派"命令，将弹出"印象派"对话框，如图 8-74 所示，其中的"样式"选项区用来选择笔触或色块；"技术"选项区用来设置笔触的强度、彩色化的数量以及亮度总量。

图 8-75 所示为图像添加印象派滤镜后的效果。

图 8-74　"印象派"对话框　　　　　　　　　　　图 8-75　印象派滤镜效果

3．素描滤镜

素描滤镜可以将图像模拟成使用石墨或彩色铅笔的绘画效果。

执行"位图"→"艺术笔触"→"素描"命令，将弹出"素描"对话框，如图 8-76 所示，其中的"铅笔类型"选项区可以决定使用石墨铅笔（灰色外观）还是彩色铅笔生成图像的素描画；"轮廓"文本框可以调整图像边缘的厚度。

图 8-77 所示为图像添加素描滤镜后的效果。

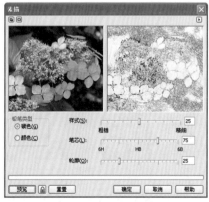 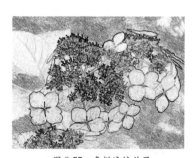

图 8-76　"素描"对话框　　　　　　　　　　　图 8-77　素描滤镜效果

4．水彩画滤镜

水彩画滤镜可以使图像产生类似于水彩画一样的画面效果。

执行"位图"→"艺术笔触"→"水彩画"命令，将弹出"水彩画"对话框，如图 8-78 所示，其中的"画刷大小"滑块用于设置笔刷的大小；"粒状"滑块用于设置纸张底纹的粗糙程度；"水量"滑块用于设置笔刷中的水分值。

图 8-79 所示为图像添加水彩画滤镜后的效果。

图 8-78　"水彩画"对话框

图 8-79　水彩画滤镜效果

8.3.4　模糊滤镜组

模糊滤镜组可以使图像的画面柔化、边缘平滑。执行"位图"→"模糊"命令，将弹出如图 8-80 所示的子菜单，其中显示了 CorelDRAW X6 提供的 9 种模糊滤镜。

图 8-80　"模糊"子菜单命令

下面介绍其中常用的 4 种模糊滤镜。

1．高斯式模糊滤镜

高斯式模糊是最常用的模糊效果，可以使图像中的像素点呈高斯分布，从而使图像产生一种近似薄雾笼罩的高斯雾化效果。

执行"位图"→"模糊"→"高斯式模糊"命令，将弹出"高斯式模糊"对话框，如图 8-81 所示，其中的"半径"滑块可以调节高斯模糊的半径，数值越大，对象越模糊。

图 8-82 所示为图像添加高斯式模糊滤镜前后的对比效果。

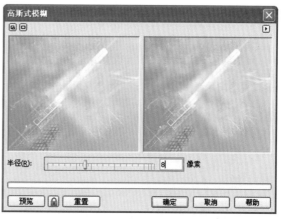

图 8-81　"高斯式模糊"对话框

图 8-82　原图与添加高斯式模糊滤镜后的对比效果

2．动态模糊滤镜

动态模糊滤镜可以使图像产生一种因高速运动而产生的模糊效果，就像用照相机拍摄的高速运动图片一样。

执行"位图"→"模糊"→"动态模糊"命令，将弹出"动态模糊"对话框，如图 8-83 所示，其中的"间隔"滑块用于调整动态模糊效果图像与原图像之间的距离，数值越大，距离越大，运动的速度显得越快，图像也就越模糊；"方向"数值框用于设置图像运动的方向。

图 8-84 所示为图像添加动态模糊滤镜后的效果。

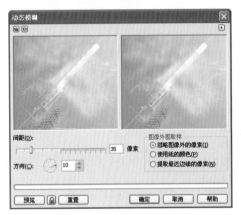

图 8-83　"动态模糊"对话框　　　　　　　　　　图 8-84　动态模糊滤镜效果

3．放射式模糊滤镜

放射式模糊可以使图像指定的圆心处产生同心旋转的模糊效果。

执行"位图"→"模糊"→"放射式模糊"命令，将弹出"放射状模糊"对话框，如图 8-85 所示，其中的"数量"滑块用于调节对象的放射状模糊数量，数值越大，图像越模糊；单击 按钮可以在图像上设置新的放射中心位置。

图 8-86 所示为图像添加放射式模糊滤镜后的效果。

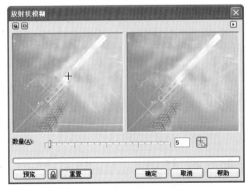

图 8-85　"放射式模糊"对话框　　　　　　　　　图 8-86　放射式模糊滤镜效果

4．缩放滤镜

缩放滤镜可以使图像的像素变得模糊，并产生一种由中心向外发散的效果，给人一种向前冲的感觉。

执行"位图"→"模糊"→"缩放"命令，将弹出"缩放"对话框，如图8-87所示，其中的"数量"滑块用于调整缩放效果的明显程度，数值越大，爆炸效果越明显；单击 ✋ 按钮可以在图像上设置新的缩放中心位置。

图8-88所示为图像添加缩放滤镜后的效果。

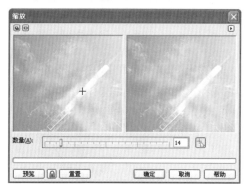

图 8-87　"缩放"对话框

图 8-88　缩放滤镜效果

8.3.5　颜色转换滤镜组

颜色转换滤镜组主要用来转换图像中的颜色，其中包括4种效果，即位平面、半色调、梦幻色调和曝光。下面介绍其中常用的两种颜色转换滤镜。

1．半色调滤镜

半色调滤镜可以使图像产生套色印刷形成的点阵效果。

执行"位图"→"颜色转换"→"半色调"命令，将弹出"半色调"对话框，如图8-89所示，对于其中的"青"、"品红"、"黄"、"黑"滑块，拖曳它们或者输入参数值，可以调整每一种颜色与其他颜色的混合数量；"最大点半径"滑块用于调整网格点半径的大小，数值越大，网格点越大。

图 8-89　"半色调"对话框

图8-90所示为图像添加半色调滤镜前后的对比效果。

图 8-90　原图与添加半色调滤镜后的对比效果

2．梦幻色调滤镜

梦幻色调滤镜用于为图像的原始颜色创建丰富的颜色变化，较低的值使用较亮的颜色替换图像颜色，较高的值使用较暗的颜色替换，并使用同色调选项相同的旋转颜色方法旋转图像的颜色，但这是个不可预知的过程，随机产生效果。

执行"位图"→"颜色转换"→"梦幻色调"命令，将弹出"梦幻色调"对话框，如图8-91所示，其中的"层次"滑块用于调整图像的颜色层次。

图8-92所示为图像添加梦幻色调滤镜后的效果。

图 8-91　"梦幻色调"对话框　　　　　　　　图 8-92　梦幻色调滤镜效果

8.3.6　轮廓图滤镜组

轮廓图滤镜组可以根据图像的对比度使图像的轮廓变成特殊的线条效果，其中包括3种效果，即边缘检测、查找边缘和描摹轮廓。下面介绍其中常用的两种轮廓图滤镜。

1．边缘检测滤镜

边缘检测滤镜可以查找位图中对象的边缘并勾画出对象的轮廓。

执行"位图"→"轮廓图"→"边缘检测"命令，将弹出"边缘检测"对话框，如图8-93所示，其中的"背景色"选项区用于将背景颜色设置为白色、黑色或其他颜色，若选中"其他"单选按钮，可在颜色下拉列表框中选择一种颜色，也可使用吸管工具在预览区中选取图像中的颜色作为背景色；"灵敏度"滑块用于调整探测的灵敏性。

图 8-93　"边缘检测"对话框

图8-94所示为图像添加边缘检测滤镜前后的对比效果。

图 8-94　原图与添加边缘检测滤镜后的对比效果

2．查找边缘滤镜

查找边缘滤镜和边缘检测滤镜非常相似，只是包含更多选项。查找边缘滤镜可以对柔和边缘或者更分明的边缘进行可靠的查找。

执行"位图"→"轮廓图"→"查找边缘"命令，将弹出"查找边缘"对话框，如图 8-95 所示，其中的"边缘类型"选项区用于选择软或纯色的边缘类型；"层次"滑块用于调整边缘的强度。

图 8-96 所示为图像添加查找边缘滤镜后的效果。

图 8-95 "查找边缘"对话框

图 8-96 查找边缘滤镜效果

8.3.7 创造性滤镜组

创造性滤镜组可以为图像添加许多具有创意性的画面效果。执行"位图"→"创造性"命令，将弹出如图 8-97 所示的子菜单，其中列出了 CorelDRAW X6 提供的 14 种创造性滤镜。

图 8-97 "创造性"子菜单命令

下面介绍其中常用的 4 种创造性滤镜。

1．工艺滤镜

工艺滤镜可以使图像具有类似于工艺元素拼接起来的效果。

执行"位图"→"创造性"→"工艺"命令，将弹出"工艺"对话框，如图 8-98 所示，其中的"样式"下拉列表框用于选择拼接的工艺元素，如拼图版、齿轮、弹珠等；"大小"滑块用于设置拼接的工艺元素尺寸大小；"亮度"滑块用于设置图像中的光照亮度；"旋转"数值框用于设置图像中的光照角度。

图 8-99 所示为图像添加工艺滤镜前后的对比效果。

图 8-98 "工艺"对话框

图 8-99　原图与添加工艺滤镜后的对比效果

2．框架滤镜

框架滤镜可以使图像边缘产生艺术的抹刷效果。

执行"位图"→"创造性"→"框架"命令，将弹出"框架"对话框，如图 8-100 所示，其中有选择和修改两个选项卡。"选择"选项卡用来选择框架，并为选取列表添加新框架。一旦选择了一个框架，"修改"选项卡就会提供自定义框架外观选项。

图 8-101 所示为图像添加框架滤镜后的效果。

图 8-100　"框架"对话框　　　　　　　　　　图 8-101　框架滤镜效果

3．彩色玻璃滤镜

彩色玻璃滤镜可以为图像添加类似于彩色玻璃的画面效果。

执行"位图"→"创造性"→"彩色玻璃"命令，将弹出"彩色玻璃"对话框，如图 8-102 所示，其中的"大小"滑块用于调整效果中彩色玻璃的大小。

图 8-103 所示为图像添加彩色玻璃滤镜后的效果。

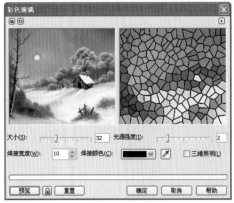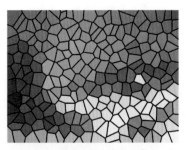

图 8-102　"彩色玻璃"对话框　　　　　　　　图 8-103　彩色玻璃滤镜效果

4 . 天气滤镜

天气滤镜可以为图像添加雪花、雨、雾等天气效果。

执行"位图"→"创造性"→"天气"命令，将弹出"天气"对话框，如图 8-104 所示，其中的"预报"选项区用于将添加的天气类型设置为雪、雨或雾；"浓度"滑块用于设置天气效果中雪、雨或雾的程度。

图 8-105 所示为图像添加天气滤镜后的雨效果。

图 8-104 "天气"对话框

图 8-105 雨效果

8.3.8 扭曲滤镜组

扭曲滤镜组可以使图像产生各种扭曲变形的效果。执行"位图"→"扭曲"命令，将弹出如图 8-106 所示的子菜单，其中列出了 CorelDRAW X6 提供的 10 种扭曲滤镜。

图 8-106 "扭曲"子菜单命令

下面介绍其中常用的 4 种扭曲滤镜。

1 . 置换滤镜

置换滤镜可以使图像被预置的波浪、星形或方格等图形置换出来，产生特殊效果。

执行"位图"→"扭曲"→"置换"命令，将弹出"置换"对话框，如图8-107所示，在其中的"缩放模式"选项区中可以选择"平铺"或"伸展适合"缩放模式；在"未定义区域"下拉列表框中可以选择"重复边缘"或"环绕"选项；在"缩放"选项区中设置"水平"和"垂直"数值框，可以调整转换的大小密度；在"置换样式"下拉列表框中可以选择程序预设的置换样式。

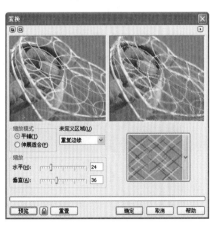

图 8-107 "置换"对话框

图 8-108 所示为图像添加置换滤镜前后的对比效果。

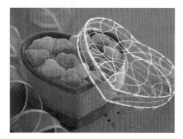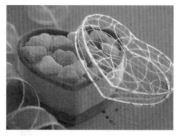

图 8-108　原图与添加置换滤镜后的对比效果

2．像素滤镜

像素滤镜可以使图像产生类似于像素化的格状效果。

执行"位图"→"扭曲"→"像素"命令，将弹出"像素"对话框，如图 8-109 所示，在其中若选中"正方形"单选按钮，可以将图像分解为方块；若选中"矩形"单选按钮，可以将图像分解为矩形；若选中"射线"单选按钮，可以将图像分解为辐射状；"宽度"和"高度"滑块用于调整像素块的宽度与高度。

图 8-110 所示为图像添加像素滤镜后的效果。

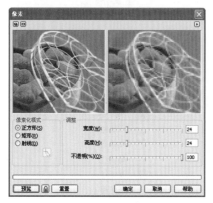

图 8-109　"像素"对话框　　　　　　　　　　　　图 8-110　像素滤镜效果

3．旋涡滤镜

旋涡滤镜可以使图像产生顺时针或逆时针的旋涡效果。

执行"位图"→"扭曲"→"旋涡"命令，将弹出"旋涡"对话框，如图 8-111 所示，其中的"定向"选项区用于选择顺时针或逆时针方向作为旋涡效果的旋转方向；在"角度"选项区中可以通过"整体旋转"和"附加度"选项设置旋涡效果。

图 8-112 所示为图像添加旋涡滤镜后的效果。

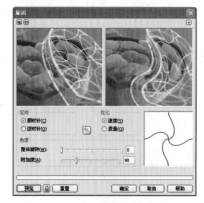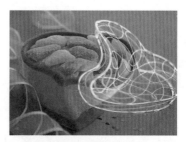

图 8-111　"旋涡"对话框　　　　　　　　　　　　图 8-112　旋涡滤镜效果

4．风吹效果滤镜

风吹效果滤镜可以使图像产生类似于风吹的效果。

执行"位图"→"扭曲"→"风吹效果"命令，将弹出"风吹效果"对话框，如图 8-113 所示，其中的"浓度"滑块用于设置风的强度；"不透明"滑块用于设置风的透明度大小；"角度"数值框用于设置风吹的方向。

图 8-114 所示为图像添加风吹效果滤镜后的效果。

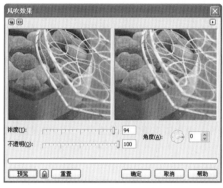

图 8-113　"风吹效果"对话框

图 8-114　风吹效果滤镜效果

8.3.9　杂点滤镜组

杂点滤镜组可以在图像中模拟或者消除由于扫描或者颜色过渡所造成的颗粒效果。执行"位图"→"杂点"命令，将弹出如图 8-115 所示的子菜单，其中包含 6 种杂点滤镜。

下面介绍其中常用的 4 种杂点滤镜。

1．添加杂点滤镜

添加杂点滤镜可以将杂点添加到图像中，使图像画面具有粗糙的效果。

执行"位图"→"杂点"→"添加杂点"命令，将弹出"添加杂点"对话框，如图 8-116 所示，其中的"杂点类型"选项区用于选择添加杂色的类型，如高斯式、尖突和均匀；"层次"滑块用于调整杂点的强度和颜色范围；"密度"滑块用于设置图像中杂点的密度；对于"颜色模式"选项区，若选中"强度"单选按钮，可以使杂点的效果强烈，若选中"随机"单选按钮，可以随机地增加颜色的杂点，若选中"单一"单选按钮，可以在右侧的颜色下拉列表框中选取一种杂点颜色。

图 8-117 所示为图像添加杂点滤镜前后的对比效果。

图 8-115　"杂点"子菜单命令

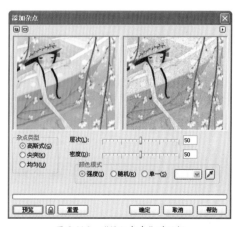

图 8-116　"添加杂点"对话框

图 8-117　原图与添加杂点滤镜后的对比效果

2．最大值滤镜

最大值滤镜可以为图像添加非常明显的杂点效果。

执行"位图"→"杂点"→"最大值"命令，将弹出"最大值"对话框，如图 8-118 所示，其中的"百分比"滑块用于调整最大值滤镜效果的变化程度；"半径"滑块用于设置最大值滤镜效果发生变化时的像素效果。

图 8-119 所示为图像添加最大值滤镜后的效果。

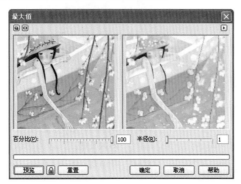

图 8-118　"最大值"对话框　　　　　　　　　　图 8-119　最大值滤镜效果

3．最小滤镜

最小滤镜可以使图像具有块状的杂点效果。

执行"位图"→"杂点"→"最小"命令，将弹出"最小"对话框，如图 8-120 所示，其中的"百分比"滑块用于调整最小滤镜效果的变化程度；"半径"滑块用于设置最小滤镜效果发生变化时的像素效果。

图 8-121 所示为图像添加最小滤镜后的效果。

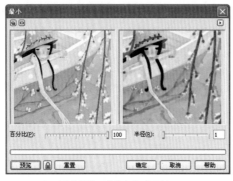

图 8-120　"最小"对话框　　　　　　　　　　图 8-121　最小滤镜效果

4．去除龟纹滤镜

去除龟纹滤镜可以去除图像中的龟纹杂点，减少粗糙程度，但去除龟纹后的图像会相应模糊。

执行"位图"→"杂点"→"去除龟纹"命令，将弹出"去除龟纹"对话框，如图 8-122 所示，其中的"数量"值设置得越大，去除龟纹的数量越多，但画面模糊的程度越大；"输出"数值框用于设置图像的分辨率。

图 8-123 所示为图像添加去除龟纹滤镜后的效果。

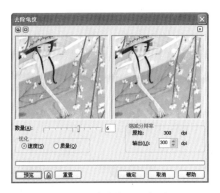

图 8-122 "去除龟纹"对话框

图 8-123 去除龟纹滤镜效果

8.3.10 鲜明化滤镜组

鲜明化滤镜组可以使图像的色彩更加鲜明、边缘更加突出。执行"位图"→"鲜明化"命令，将弹出如图 8-124 所示的子菜单，其中包含 5 种鲜明化滤镜。

	适应非鲜明化(A)…
	定向柔化(U)…
	高通滤波器(H)…
	鲜明化(S)…
	非鲜明化遮罩(U)…

图 8-124 "鲜明化"子菜单命令

下面介绍其中常用的两种鲜明化滤镜。

1．适应非鲜明化滤镜

适应非鲜明化滤镜可以增加图像中对象边缘的颜色锐度，从而使边缘鲜明化。

执行"位图"→"鲜明化"→"适应非鲜明化"命令，将弹出"适应非鲜明化"对话框，如图 8-125 所示。

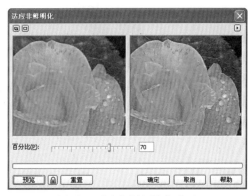

图 8-125 "适应非鲜明化"对话框

图 8-126 所示为图像添加适应非鲜明化滤镜前后的对比效果。

图 8-126 原图与添加适应非鲜明化滤镜后的对比效果

2．鲜明化滤镜

鲜明化滤镜作用于图像的全部像素，对图像的清晰起到一定的作用。

执行"位图"→"鲜明化"→"鲜明化"命令，将弹出"鲜明化"对话框，如图 8-127 所示，其中的"边缘层次"滑块用于设置图像边缘层次的丰富程度；"阈值"滑块用于设置鲜明临界值，取值范围为 0 ～ 255，临界值越小，效果越明细，反之亦然。

图 8-128 所示为图像添加鲜明化滤镜后的效果。

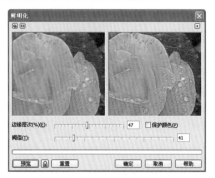

图 8-127 "鲜明化"对话框　　　　　　　图 8-128 鲜明化滤镜效果

8.4 拓展应用——制作马赛克效果

练习制作马赛克效果，最终效果如图 8-129 所示。本例执行"位图"→"创造性"→"马赛克"命令制作马赛克效果。

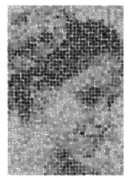

图 8-129 马赛克效果

8.5 边学边练——制作特效照片

使用"曝光"命令制作如图 8-130 所示的特效照片。

图 8-130 特效照片

第 9 章
综合实训

在学习前面章节的软件基础知识之后，下面进入平面设计的综合实训，如卡片设计、DM 设计、包装设计、插画设计、VI 设计、服装设计等，从运用基础设计原则和理论入手，将视觉原理应用到视觉传达实践中，让读者在实际操作中得到进一步提高。

9.1 卡片设计

卡片设计属于平面设计的一种，是将不同的基本图形按照一定的规则在平面上组合成图案。作为一种具有象征性的大众传播方式，卡片设计以最简洁的形式来表达一定的内涵，并借助人们对符号的识别、意义联想等思维能力传达特定的信息。构成卡片的要素有标志、图案、颜色、文字造型等，如图9-1所示。

图 9-1　VIP 卡

9.1.1 卡片设计基础知识

卡片设计是 一种浓缩的设计，要在方寸之间蕴含所需赋予的个性。卡片设计不仅是设计理念与构思创意的浓缩，而且是设计本身视觉表现的浓缩。不同的卡片设计，应从不同的角度进行形象的提炼、描述、概括，最终达到信息准确、突出个性的目的。选择不同的表现手法，对于不同卡片的个性形象有着密切的联系，由此可见，在设计过程中通过别具一格的表现手法可以达到事半功倍的效果。下面介绍创意的一般表现手法。

1．图像解构表现手法

图像解构是将物象通过分割等方法化整为零，在解构后的重组和整合中，往往特征突出的部分被保留下来，呈现另一种画面感，对于一种非理性、不连续、没有次序的矛盾的虚幻状况，用具象解构抽象，或以抽象解构具象，或通过荒诞的具象组合来解构传统的叙述，或以随意堆积来解构条理秩序，通过产生令人震惊的效果的手法来吸引人们的注意力。如图9-2所示的房地产贵宾卡。

2．图像写实表现手法

图像写实表现手法是一种常见并且运用十分广泛的表现手法，从最能显示对象特征的角度对客体形象做高度概括的形象化。在卡片设计中将图像作为主要元素应用，丰富了卡片的整体视觉效果，卡片图像呈现一种十分具象与感性的倾向（如图9-3所示），超越国界，体验一种唯美的、开放的、感性的、充满生命力的心理体验。

图 9-2　房地产贵宾卡　　　　　　　　　　图 9-3　鸟语花香 VIP 会员卡

3．图像堆积表现手法

图像堆积表现手法是指为了达成特定的设计意念，往往利用形的重复堆积形成一定量的规模效应，并强化其构形的变化难度，通常以数量大、变化多、结构繁杂几个方面综合运用，极大地提升了卡片图形的视觉冲击力和表现力度。

在员工与外界业务往来以及企业公关活动中，工作牌是对外传达企业形象的有效工具，在对该类用品进行设计时，要激发员工在 CI 活动中的参与意识。工作牌的材质一般为 200 克的白卡纸。

➡️（10）使用工具箱中的矩形工具绘制一个矩形，然后按 F12 键，弹出"轮廓笔"对话框，设置各项参数如图 9-16 所示，其中"颜色"为 40% 灰色。

➡️（11）单击"确定"按钮，添加轮廓，效果如图 9-17 所示。

图 9-16　"轮廓笔"对话框　　　　图 9-17　添加轮廓

➡️（12）使用工具箱中的矩形工具，绘制一个"对象大小"为 11.5×2.5、矩形的边角圆滑度为 0.5、"颜色"为白色、"轮廓"为 50% 灰色的圆角矩形，如图 9-18 所示。

➡️（13）使用工具箱中的贝塞尔工具，结合形状工具，绘制 4 组图形，并填充颜色分别为黑色和红色，去掉轮廓，效果如图 9-19 所示。

图 9-18　绘制圆角矩形　　　　图 9-19　绘制工作证吊带

工作证是公司或单位组织成员的证件，参加工作后才能申请发放。工作证是固定形式，是正式成员工作体现的象征证明，有了工作证就代表正式成为某个公司或单位组织的正式成员。

➡️（14）执行"文件"→"导入"命令，导入本书配套素材中的标志素材，调整至页面的合适位置，效果如图 9-20 所示。

➡️（15）使用工具箱中的文本工具，输入文本"姓名: 职位: 编号: "，然后选中文本，在属性栏中设置字体为"黑体"、文本大小为 9，效果如图 9-21 所示。

图 9-20　导入标志素材　　　　图 9-21　输入文本

➡ （16）选择工具箱中的形状工具 ⬡，将鼠标指针移至"编号："左下角的向下三角形状 ⬇ 上，当光标呈"＋"形状时单击并向下拖曳，调整文本的行距，效果如图9-22所示。

➡ （17）使用同样的方法，使用文本工具输入文本，并结合形状工具调整文本的间距，效果如图9-23所示。

图9-22　输入并调整文本　　　　图9-23　输入文本

➡ （18）选择工具箱中的直线工具 ✎，在按住 Shift 键的同时单击并拖曳，绘制一条直线，如图9-24所示。

➡ （19）使用同样的方法绘制两条直线，得到本例效果，如图9-25所示。

图9-24　绘制直线　　　　图9-25　本例最终效果

9.1.3 贵宾卡设计

最终效果图

💗 **案例说明**

本例将制作一个效果如图9-26所示的贵宾卡。本例在制作过程中主要运用矩形工具、"导入"命令、渐变填充工具、交互式透明度工具、贝塞尔工具、轮廓工具、形状工具、文本工具等进行操作。

图9-26　实例的最终效果

操作步骤：

➡（1）使用工具箱中的矩形工具▢绘制一个"对象大小"为80×50的矩形，然后选择工具箱中的形状工具⟨₊，移动鼠标指针至矩形右上角的黑色色块▪上单击并向下拖曳，效果如图9-27所示。

➡（2）双击状态栏中的填充图标◆右侧的"无"按钮⊠，弹出"均匀填充"对话框，在"模型"选项卡中设置C、M、Y、K均为100，如图9-28所示。

图9-27 绘制圆角矩形　　　图9-28 "均匀填充"对话框

➡（3）单击"确定"按钮，填充矩形为黑色，效果如图9-29所示，然后在页面右侧的调色板中单击"无"图标⊠，去掉轮廓。

➡（4）执行"文件"→"导入"命令，分别导入本书配套素材中的火焰素材和标志素材1，并调整大小和位置，效果如图9-30所示。

 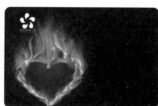

图9-29 填充圆角矩形　　　图9-30 导入火焰素材和标志素材1

➡（5）使用工具箱中的贝塞尔工具⟨╲在页面中绘制人物图形，如图9-31所示。

➡（6）选中所有人物图形，执行"排列"→"合并"命令，合并人物图形；在页面右侧的调色板中的白色色块上单击，填充人物图形为白色，并单击"无"图标⊠，去掉轮廓，效果如图9-32所示。

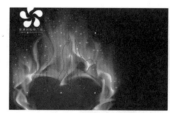 

图9-31 绘制人物图形　　　图9-32 填充人物图形

➡（7）移动鼠标指针至上方中间的黑色色块上单击，在按住Ctrl键的同时向下拖曳至合适的位置，然后右击，垂直镜像并复制人物图形，如图9-33所示。

➡（8）选择工具箱中的交互式透明度工具⟨，在属性栏中设置"透明类型"为"线性"，然后在页面中调整各色块的起始位置，添加透明效果，如图9-34所示。

 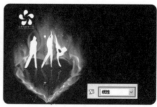

图9-33 垂直镜像并复制人物图形　　　图9-34 添加透明效果

（9）使用工具箱中的矩形工具□绘制一个矩形，如图9-35所示。

（10）移动鼠标指针至中间的"×"图标处单击，在按住Shift键的同时向右拖曳至合适的位置，然后右击，移动并复制矩形，再移动鼠标指针至右侧中间的黑色色块上单击并拖曳，调整矩形的大小，如图9-36所示。

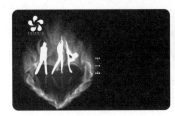

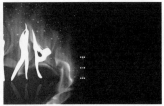

图9-35 绘制矩形　　　　　　图9-36 移动并复制矩形

 技巧点拨

在贵宾卡的设计过程中，要有构想、结构、情节等要素。设计是一种创造性活动，它的目的是要形成和调整对象的空间环境，在这个过程中使其他方面和审美方面达到统一。卡片的基本要求是不变，要易懂、易欣赏、易应用、易延续、易延伸。

（11）使用同样的方法，移动并复制矩形，调整矩形的大小，如图9-37所示。然后选择工具箱中的选择工具▹，单击并拖曳鼠标框选所有矩形，执行"排列"→"合并"命令，合并矩形。

（12）单击工具箱中的"填充工具组"按钮◇右下角的三角形符号，在弹出的隐藏工具组中选择渐变工具■，弹出"渐变填充"对话框，在"类型"下拉列表框中选择"线性"选项，选中"自定义"单选按钮，设置起点色块的颜色为橙色（C：0；M：60；Y：100；K：0）、位置22%的颜色为洋红色（C：0；M：100；Y：0；K：0）、位置41%为红色（C：0；M：100；Y：100；K：0）、位置66%为洋红色（C：0；M：100；Y：0；K：0）、位置83%为青色（C：100；M：0；Y：0；K：0）、终点色块的颜色为洋红色（C：0；M：100；Y：0；K：0），如图9-38所示。

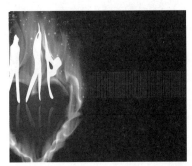

图9-37 移动并复制矩形　　　　　　图9-38 "渐变填充"对话框

（13）单击"确定"按钮，渐变填充矩形，并去掉轮廓，效果如图9-39所示。

（14）执行"文件"→"导入"命令，导入本书配套素材中的花纹素材，并调整至页面中的合适位置，效果如图9-40所示。

图9-39 渐变填充矩形　　　　　　图9-40 导入花纹

(15) 单击工具箱中的"填充工具组"按钮 右下角的三角形符号，在弹出的隐藏工具组中选择渐变工具 ，弹出"渐变填充"对话框，在"类型"下拉列表框中选择"线性"选项，设置"角度"为 90、"边界"为 7、"从"为橙色、"到"为洋红色，单击"确定"按钮，渐变填充花纹，效果如图 9-41 所示。

(16) 使用工具箱中的文本工具 输入文本 VIP，然后选中文本，在属性栏中设置字体为 Minion Pro SmBd、字体大小为 23pt，如图 9-42 所示。

图 9-41 渐变填充花纹

图 9-42 输入文本

(17) 单击工具箱中的"填充工具组"按钮 右下角的三角形符号，在弹出的隐藏工具组中选择渐变工具 ，弹出"渐变填充"对话框，在"类型"下拉列表框中选择"射线"选项，设置"边界"为 11、"从"为绿色、"到"为黄色，单击"确定"按钮，效果如图 9-43 所示。

(18) 选择工具箱中的交互式立体工具 ，在页面中的文字上单击并拖曳，将其拖曳至合适的位置，在属性栏中设置"深度"为 3、"灭点坐标"分别为 -150 和 168，添加立体效果，如图 9-44 所示。

图 9-43 渐变填充文本

图 9-44 添加立体效果

(19) 使用工具箱中的文本工具 输入文本 VIP，然后选中文本，在属性栏中设置字体为 Minion Pro SmBd、字体大小为 23pt；单击页面右侧调色板中的白色色块，去掉颜色，然后双击状态栏中的"轮廓笔"图标，弹出"轮廓笔"对话框，设置"颜色"为土黄色（C：2；M：4；Y：34；K：0）、"宽度"为 0.2，单击"确定"按钮，添加轮廓，效果如图 9-45 所示。

(20) 使用工具箱中的文本工具 输入其他文字，设置字体、大小、位置，并填充相应的颜色（用户可以根据自己的喜好设置其他颜色），效果如图 9-46 所示。

图 9-45 文本效果

图 9-46 其他文本效果

贵宾卡能提高顾客的购买意愿，建立顾客品牌忠诚度。贵宾卡服务是现在流行的一种服务管理模式，它可以提高顾客的回头率，提高顾客对企业的忠诚度。很多服务行业都采取这样的服务模式，现在，在各个行业都可以看到贵宾卡。

贵宾卡一般有普通纸卡、PVC卡片、金属卡片、磁卡、IC卡、射频卡等类型。

⬇ （21）选中黑色圆角矩形，使用工具箱中的交互式阴影工具 🔲 ，在页面中圆角矩形的中心处单击并向右下角拖曳至合适的位置，在属性栏中设置"阴影的不透明"为52、"阴影羽化"为3，添加阴影效果，在页面中设置阴影控制框上的起始点和终点的位置，效果如图9-47所示，此时贵宾卡的正面制作完毕。

用户可以在该实例的基础上绘制相应颜色的矩形，输入文本，制作出贵宾卡的反面，并添加背景，使效果更具视觉冲击力，如图9-48所示。

图 9-47　贵宾卡的正面

图 9-48　延伸效果

9.2 DM 单设计

DM设计是商业贸易活动中的重要媒体，俗称"小广告"，它指向目标客户通过邮寄、直投等方式发布的广告，具有针对性、独立性和整体性的特点，为工商界广泛应用。

9.2.1 DM 单设计基础知识

DM广告有两种解释，一是直接邮寄，二是数据营销，作为一种在国际上流行多年的成熟媒体形式，DM在美国及其他西方国家已成为广告商家青睐及普通使用的一种主要广告宣传手段。DM除了用邮寄方式以外，还可以借助其他媒介，如传真、杂志、电视、电话、电子邮件及直销网络、柜台散发、专人送达、来函索取、随商品包装发出等。

1．DM 广告的 3 大分类

DM广告运用范围广、表现自由度高、富有多样化，可分为优惠赠券、单张宣传页、样品画册3种类型，其含义如下。

● 优惠赠券：当开展促销活动时，为吸引广大消费者参加的附有优惠条件和措施的赠券，如图9-49所示的金秋百货礼金赠券。

● 单张宣传页：单张宣传页是指经精心设计和印制的宣传企业形象、商品、劳务等内容的单张海报，如图9-50所示的宣传页。

图 9-49　优惠赠券

图 9-50　单张宣传页

● 样品画册：样品画册是指折叠或订成册的印刷物，如图 9-51 所示，零售企业可将经营的各类商品的样品、照片、商标、内容详尽地进行介绍。

图 9-51　折叠和订成册的 DM 广告

2．DM 广告的 3 大特点

DM 广告自成一体，无须借助其他媒体，不受其他媒体的宣传环境、公众特点、信息安排、版面、印刷和纸张等各种限制，DM 广告具有以下 3 大特点。

● 针对强：DM 广告是通过邮局将广告信息直接传递到读者手中，广告主可以有针对性地选择对象。通过邮寄做广告，广告主可排除中间商和其他因素的影响，对广告活动进行自我控制。

● 独立性：DM 广告不会受到地区、时间等因素的影响，也不受篇幅、版面等方面的限制，能够将信息很快地传递给选定的对象，保证对象满意，从而很快地做出答复。同时，可根据客户的实际需求指定广告发布区域和发布时间，迅速高效。精美的 DM 广告同样会被长期保存，起到长久的宣传作用，如图 9-52 所示的房地产折页。

● 整体性：DM 广告媒体在形式上是比较灵活的，可以根据需要任意选择一种方式，且不受篇幅的限制，在设计上运用逼真的摄影或其他形式和牌名、商标、企业名称、联系地址等，以定位的方式、艺术的表现、讲究的排列秩序性来突出重点，吸引消费者的注意力，如图 9-53 所示的体育宣传页。

图 9-52　房地产折页

图 9-53　体育宣传页

3．DM 广告的设计技法

要设计出成功、精美的 DM 广告需要掌握一定的设计技法及后期制作知识。

● 规格的选择：常见的印件规格大小多是依照纸张原尺寸的 1/2、1/4、1/6、1/8、1/12、1/16、1/32 等，如图 9-54 所示。不同的尺寸规格，形成制作成本差异与灵活派送的特点，满足了品牌营销阶段、时机、消费群的不同特性。便于定尺寸规格，便于灵活地派送，信息含量的饱满为品牌提供了展示自我的足够空间。

在设计时，可多掺入文化色彩以活跃画面，从众多的 DM 单中脱颖而出，如图 9-55 所示的 DM 折页，但绝不能过多地追求设计风格，而喧宾夺主，有失稳重。

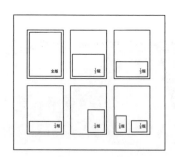

图 9-54　常见 DM 广告的规格大小

图 9-55　跳跃夺目的色彩 DM 广告设计

● 折页的选择：折页是可折叠的宣传页，它的用途范围很广，不仅广泛流行于商业活动的促销卡和产品手册，还有各类公司及个人常用的广告贺卡、季节贺卡和会议请柬等，形式丰富多彩，具有很高的艺术价值和参考价值。对于设计师来说，了解 DM 广告后期折页的方法很有必要。

折页的方法分为水平折页、垂直折页、包心折页、扇形折页和混合折页，如图 9-56 所示。

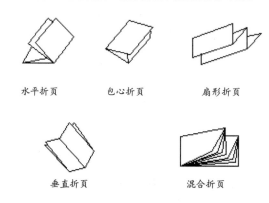

水平折页　　　　　包心折页　　　　　扇形折页

垂直折页　　　　　混合折页

图 9-56　折页示意图

水平折页是指每一次折叠都以平行的方向去折。水平折页的方式便于邮递和散发，小巧精致的设计能让人不自觉地产生阅读的冲动。精妙的构思由中间折叠，图片文字的合理安排，展现出无穷的魅力，如图 9-57 所示。

垂直折页是指至少有一次折叠是与已折的折线成垂直角度的折叠方式，可以增加阅读者的动手性和参考性，在阅读者接收信息的同时感觉更有趣味性，如图 9-58 所示。

若将左份向外折，右份向内折，称为扇折页，如图 9-59 所示。

● 装订的选择：装订对于印刷物而言具有坚固、美观、方便阅读和保存的多重功能。常用的装订方式有骑马订装（如图 9-60 所示）、活页装、穿线装、铁订边线装和封套式等。

图 9-57 水平折页

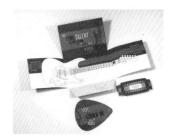

图 9-58 垂直折页

图 9-59 扇折页

图 9-60 骑马订装

9.2.2 宣传单设计

最终效果图

❤ **案例说明**

    本例将制作一个效果如图 9-61 所示的宣传单。本例在制作过程中主要运用矩形工具、贝塞尔工具、形状工具、渐变填充工具、交互式透明度工具、交互式阴影工具、"旋转"泊坞窗、文本工具等操作。

图 9-61 实例的最终效果

操作步骤：

➡️ （1）按 F6 键调用矩形工具▢，绘制一个"对象大小"为 175×278 的矩形，并去掉轮廓；按 F5 键调用贝塞尔工具，绘制图形，如图 9-62 所示。

➡️ （2）按 F11 键弹出"渐变填充"对话框，设置"类型"为"线性"、"角度"为 132.3、"边界"为 16、"从"的颜色为淡紫色（C：2；M：21；Y：11；K：0）、"到"的颜色为紫色（C：43；M：78；Y：53；K：1），单击"确定"按钮，渐变填充图形，效果如图 9-63 所示，并去掉轮廓。

图 9-62　绘制图形　　　　图 9-63　渐变填充

➡️ （3）使用贝塞尔工具↘绘制图形，按 F11 键弹出"渐变填充"对话框，设置"类型"为"线性"、"角度"为 320、"边界"为 15、"从"的颜色为浅紫色（C：2；M：21；Y：11；K：0）、"到"的颜色为紫色（C：15；M：71；Y：38；K：0），单击"确定"按钮，渐变填充图形，效果如图 9-64 所示，并去掉轮廓。

➡️ （4）按 F7 键调用椭圆形工具，绘制一个"对象大小"均为 21 的正圆，然后双击状态栏中的填充图标，弹出"均匀填充"对话框，设置"颜色"为紫红色（C：5；M：25；Y：11；K：0），单击"确定"按钮，填充正圆，效果如图 9-65 所示，并去掉轮廓。

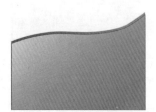

图 9-64　绘制图形并渐变填充

图 9-65　绘制正圆并填充

➡️ （5）选择工具箱中的交互式透明度工具▽，在属性栏中设置"透明类型"为"标准"、"开始透明度"为 89，添加透明效果，如图 9-66 所示。

➡️ （6）使用工具箱中的交互式阴影工具▢，在页面上正圆的中心单击并向右下角拖曳至合适的位置，然后在属性栏中设置"阴影的不透明度"为 59，"阴影羽化"为 13、"阴影度操作"为"正常"、"阴影"颜色为淡紫红色（C：3；M：30；Y：15；K：0），添加阴影效果，如图 9-67 所示。

图 9-66　渐变透明效果

图 9-67　添加阴影效果

技巧点拨　宣传单设计对纸张的要求不是很高，一般常用 80克、105 克、128 克、200 克纸等。

（7）按空格键切换至选择工具，框选正圆及阴影，在控制框中心 ✖ 上右击并拖曳至合适的位置，释放鼠标，在弹出的快捷菜单中选择"复制"命令，复制正圆及阴影，并调整大小，效果如图 9-68 所示。

（8）选择工具箱中的交互式透明度工具 ☒，在属性栏中设置"开始透明度"为 85，在页面中单击更改透明度，效果如图 9-69 所示。

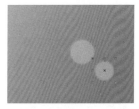

图 9-68　复制正圆及阴影

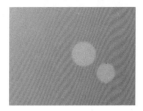

图 9-69　更改透明度

（9）使用同样的方法，复制多个正圆及阴影，调整大小和位置，并更改透明度，效果如图 9-70 所示。

（10）使用工具箱中的贝塞尔工具 ☒，在 X 和 Y 分别为 56 和 250 的位置处绘制花瓣，并结合形状工具调整图形；按 Shift ＋ F11 组合键，弹出"均匀填充"对话框，设置"颜色"为淡紫红色（C：0；M：20；Y：9；K：0），单击"确定"按钮，填充颜色，并去掉轮廓，效果如图 9-71 所示。

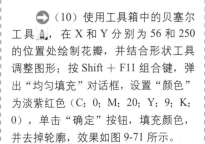

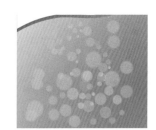

图 9-70　复制正圆

图 9-71　绘制花瓣

（11）执 行"排 列"→"变换"→"旋转"命令，打开"旋转"泊坞窗，设置"角度"为 60、"水平"为 78、"垂直"为 218、"副本"为 5，如图 9-72 所示。

（12）单击"应用"按钮，旋转并复制花瓣，效果如图 9-73 所示。

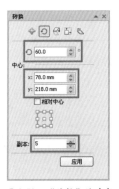

图 9-72　"旋转"泊坞窗

图 9-73　旋转并复制花瓣

（13）按 Ctrl ＋ I 组合键，导入蛋糕、品尚咖啡标志、酒杯素材，并调整到合适的大小和位置，效果如图 9-74 所示。

（14）使用工具箱中的矩形工具 ☒ 绘制一个矩形，如图 9-75 所示。

图 9-74　导入酒杯素材

图 9-75　绘制矩形

（15）使用工具箱中的选择工具 ，在按住 Shift 键的同时在酒杯上单击，加选酒杯，然后执行"排列"→"造形"→"修剪"命令，修剪矩形，效果如图 9-76 所示。

（16）选中矩形，执行"编辑"→"删除"命令，删除矩形，效果如图 9-77 所示。

图 9-76　修剪酒杯　　　　图 9-77　删除矩形

（17）使用工具箱中的文本工具 ，输入文本"红"，选中文本，在属性栏中设置字体为"迷你简中倩"、字体大小为 44pt，然后双击状态栏中的填充图标 ，弹出"均匀填充"对话框，设置"颜色"为紫色（C：20；M：80；Y：0；K：20），单击"确定"按钮，更改文字颜色，效果如图 9-78 所示。

（18）使用工具箱中的选择工具 ，在控制框中心的"＋"号上单击，进入旋转状态，移动鼠标指针至上方中间的方向箭头 上，当指针呈 形状时单击并向右拖曳，倾斜"红"字，效果如图 9-79 所示。

图 9-78　输入文本　　　　图 9-79　倾斜"红"字

（19）使用同样的方法，输入相应的文字，并设置字体、字体大小、颜色和位置，然后使用选择工具倾斜文字，效果如图 9-80 所示。

（20）使用工具箱中的文本工具 ，在页面中单击并向右下角拖曳至合适的位置，创建段落文本框，如图 9-81 所示。

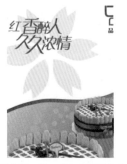 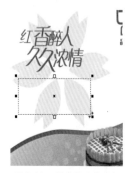

图 9-80　输入其他的倾斜文本　　　图 9-81　创建段落文本框

（21）输入段落文本，选中文本，在属性栏中设置字体为"迷你简中倩"、字体大小为 10pt，然后双击状态栏中的填充图标 ，弹出"均匀填充"对话框，设置"颜色"为紫色（C：40；M：75；Y：50；K：0），单击"确定"按钮，更改文字颜色，如图 9-82 所示。

图 9-82　输入段落文本

（22）选择工具箱中的形状工具，移动光标到段落文本框左下角的处单击并向下拖曳，调整段落文本的间距，效果如图9-83所示。

图9-83 段落文本的间距

技巧点拨

所谓图文对比，就是通过广告画面中主辅图像的大面积和小面积对比来创造视觉的注目焦点。一般而言，广告图像占大部分面积，文字占小部分面积。

（23）使用工具箱中的矩形工具绘制一个矩形，其颜色为紫色（C: 20；M：80；Y：0；K：20），并去掉轮廓，效果如图9-84所示。

（24）使用工具箱中的贝塞尔工具绘制图形，其颜色为紫色（C: 240；M：80；Y：0；K：20），并去掉轮廓，效果如图9-85所示。

图9-84 绘制矩形

图9-85 绘制图形

（25）使用贝塞尔工具绘制图形，其颜色为紫色（C：20；M：80；Y：0；K：20），并去掉轮廓，得到本例效果，如图9-86所示。

图9-86 本例最终效果

技巧点拨

在进行宣传单设计时，采用垂直构图，将图形、文案及线条装饰在编排时按垂直线方向以形象空间的不同、高矮不同等出现在版面上，版面平衡、稳重，让受众方便在各个元素间相互切换，整个广告显得一目了然。

9.2.3 宣传折页设计

最终效果图

图 9-87 实例的最终效果

案例说明

本例将制作一个效果如图 9-87 所示的宣传折页。本例在制作过程中主要运用矩形工具、辅助线、裁剪工具、文本工具等操作。

操作步骤：

➜（1）执行"文件"→"新建"命令，弹出"创建新文档"对话框，如图 9-88 所示，设置"页面类型"为"自定义"、"宽度"为 246mm、"高度"为 88mm。

➜（2）单击"确定"按钮，创建一个新的空白文件，如图 9-89 所示，得到宣传折页尺寸的页面。

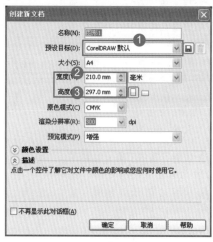

图 9-88 "新建页面"对话框

技巧点拨

宣传折页的设计过程实际上是一个企业理念的提炼和实质展现的过程，而非简单的图片及文字的叠加。一本优秀的企业画册应该是给人以艺术的感染、实力的展现和精神的呈现，而不是枯燥的文字和采板的图片。

图 9-89 创建一个新的空白文件

（3）执行"工具"→"选项"命令，弹出"选项"对话框，依次展开"文件"→"导线"→"水平的"选项，在"水平的"选项区下方的文本框中输入3，如图9-90所示。

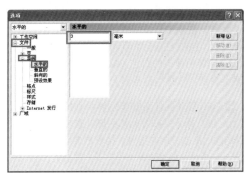

图9-90 输入数值

（4）单击"新增"按钮，添加3mm的水平辅助线，用同样的方法，在文本框中输入85mm，单击"新增"按钮，添加85mm的水平辅助线，如图9-91所示。

图9-91 输入数值

（5）在对话框左侧的列表框中选择"垂直的"选项，在"垂直的"选项区下方的文本框中输入3，单击"新增"按钮，添加3mm的垂直辅助线，依次输入63、123、183、243，添加其他垂直辅助线，如图9-92所示。

图9-92 输入数值

（6）单击"确定"按钮，添加水平和垂直辅助线，如图9-93所示。

图9-93 添加水平和垂直辅助线

技巧点拨　　宣传折页具有针对性强和独立的特点，因此要充分让它为商品广告宣传服务，应当从构思到形象表现、从开本到印刷及纸张都提出高的要求，让消费者爱不释手，就像得到一张精美的卡片或一本精美的书籍一样，值得妥善收藏，而不会随手扔掉。

➡ （7）使用工具箱中的矩形工具▣，绘制一个"对象大小"为63×88的矩形，在页面右侧调色板中的白色色块上单击，填充颜色为白色，效果如图9-94所示。

➡ （8）移动鼠标指针至左侧中心的控制柄上，当光标呈左右方向箭头时，在按住Ctrl键的同时单击并向右拖曳，接着右击，复制矩形，在属性栏的"对象大小"下方的数值框中输入60，调整矩形大小，并使用选择工具，向左拖曳对齐辅助线，效果如图9-95所示。

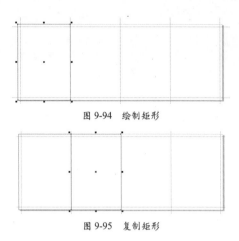

图 9-94　绘制矩形

图 9-95　复制矩形

➡ （9）使用同样的方法，复制两个矩形，并调整大小和位置，效果如图9-96所示。

➡ （10）在标准栏中单击"导入"按钮▣，导入一幅木地板素材，在页面中调整到合适的位置和大小，效果如图9-97所示。

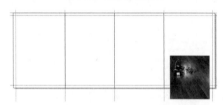

图 9-96　复制其他矩形

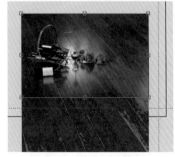

图 9-97　导入木地板素材

➡ （11）选择工具箱中的裁剪工具▣，移动鼠标指针至木地板素材的左上角处，单击并向右下角拖曳至合适的位置，释放鼠标，创建剪裁矩形框，如图9-98所示。

➡ （12）在矩形控制框内双击，确认剪裁操作，剪裁后的图像如图9-99所示。

图 9-98　创建剪裁矩形框

图 9-99　剪裁后的图像

（13）使用同样的方法，导入木地板1～木地板4、效果图、效果图1、标志等素材，并调整到合适的大小及位置，效果如图9-100所示。

图 9-100 导入其他素材

（14）使用工具箱中的文本工具 [字] 输入文本"仿古水抓纹系列"，然后选中文本，在属性栏中设置字体为"方正水黑简体"、字体大小为10pt、颜色为绿色（C：100；M：0；Y：100；K：0），效果如图9-101所示。

图 9-101 输入文本

（15）使用同样的方法，使用文本工具输入相应的文字，并设置字体、字体大小、颜色和位置，效果如图9-102所示。

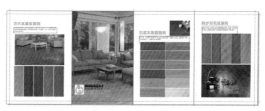

图 9-102 输入其他文本

（16）使用工具箱中的选择工具，在按住Shift键的同时依次单击页面中的4个矩形，加选矩形，然后在页面右侧调色板中的"无"图标 ⊠ 上右击，去掉轮廓，效果如图9-103所示。

图 9-103 去掉轮廓

（17）使用工具箱中的矩形工具绘制一个"对象大小"为279×126的矩形，在页面右侧调色板中的黑色色块上单击填充颜色为黑色；然后执行"排列"→"顺序"→"到图层后面"命令，调整黑色矩形到页面底部，得到本例效果，如图9-104所示。

图 9-104 本例最终效果

9.3 包装设计

包装是品牌理念、产品特性、消费心理的综合反映。包装设计是对商品进行保护、美化的技术和艺术手段，好的包装能为商品提供存储和运输的安全，同时又能增加附加值，提高商品的竞争力，从而引发消费者产生购买冲动。

9.3.1 包装设计基础知识

包装设计是以商品的保护、使用、促销为目的，是将科学的、社会的、艺术的、心理的诸门学科的相关知识结合起来的专业性很强的设计学科。在视觉表现上除了保持简洁新奇、实用的基本原则外，还必须考虑其他的一些因素，例如市场的竞争情况、商品的陈列方式、大小以及最现实的成本问题，这些都是影响包装视觉表现的重要因素。

1．包装设计的 5 大创意技巧

包装创意设计这一现代设计方法的研究与应用发展，随着时代的进步及人们审美观念的提高逐步形成，优秀的创意对企业品牌或整个产品推广有着决定性的作用。因此，在包装设计中，创意的视觉化方法以及创意的商品价值和品牌价值在很大程度上能帮助设计师形成自己的应用标准，从而提高其设计能力。包装设计的 5 大创意技巧如下。

● 直接叙述法：直接叙述法是一种开门见山，画面直接表现商品的形象，使人一目了然的表现手法，给消费者逼真的感受。在设计时，要善于在衬托、对比、夸张等多种表现形式上寻求变化、标新立异，创造出独特的设计效果，如图 9-105 所示的炊壶包装。

● 寓意与联想：寓意是通过具体的事物来体现理想和愿望的表现形式，如松、竹、梅象征商品的品位高洁，这是一种基于生活又富有浪漫主义的表现形式，如图 9-106 所示的月饼包装。联想是创意的基本形式，可以通过点、线、面等抽象的图形和装饰形式来表现商品独有的品质和魅力。

图 9-105　直接叙述法的包装

图 9-106　寓意与联想

● 扩散思维：扩散思维是围绕商品诱发各种各样的创造性设想，需要打破固有的概念和模式，从新角度、新理念出发进行设计构想，从而创造出符合新的生活条件和审美意识的包装设计，如图 9-107 所示。

● 借鉴思维：以传统艺术中优秀的漆器装饰、陶瓷装饰、壁画装饰以及民间美术作为装饰的出发点，是包装设计中常见的方法，如图 9-108 所示的酒包装。传统艺术的借鉴，应基于再创造这一原则，以避免原图形的简单翻版。另外，所借鉴的图形应该与产品的性质相适应，避免张冠李戴。

图 9-107　扩散思维的包装

图 9-108　借鉴思维的包装

2．包装设计的 3 大构成要素

包装设计的构图要素包括图像、文字和色彩。构图是将商品包装展示面的商标、图像、文字和颜色组合排列在一起的一个完整的画面，由这 3 大要素的组合构成了包装的整体效果。

● 图像要素：包装设计的图像主要指产品的形象和其他辅助装饰形象等。图像作为设计的语言，就是要把形象的内在、外在的构成因素表现出来，以视觉形象的形式把信息传达给消费者。

图像要素主要分为具象和抽象两种表现手法。具象的人物、风景、动物或植物的纹样作为包装的象征性图形可用来表现包装的内容物及属性，如图 9-109 所示的饮料包装。抽象的手法多用于写意，采用抽象的点、线、面的几何形纹样、色块或肌理效果构成画面，简练、醒目，具有形式感，也是包装设计的主要表现手法，如图 9-110 所示的食品包装。

图 9-109　饮料包装

图 9-110　食品包装

● 色彩要素：色彩要素在包装设计中占有重要的位置，起到美化和突出产品的重要因素。商品包装的主色调能够直接抓住消费者的注意力，使之通过一系列的色彩联想引发消费者的占有欲望，促成消费行为。因此，在设计时应充分考虑消费群以及消费领域的不同，有针对性地确定基调。色彩的明度和纯度可以给人以心理暗示和产生联想，如针对儿童消费者的商品大多采用亮丽的、高明度的、明快欢乐的色彩表现，如图 9-111 所示的食品包装；而针对男性消费者的商品，则会适当降低色彩的明度和纯度，用来表现男性的庄重、沉稳、阳刚之气，如图 9-112 所示的洗面奶包装。

图 9-111　食品包装

图 9-112　洗面奶包装

● 文字要素：文字是传达思想、交流感情和信息、表达某一主题内容的符号。商品包装上的牌号、品名、说明文字、广告文字以及生产厂家、公司或经销单位等反映了包装的本质内容。在设计包装时必须把这些文字作为包装整体设计的一部分来统筹考虑，文字内容要简明、真实、生动、易读、易记，如图 9-113 所示的糖包装；字体要素应反映商品的特点、性质，有独特性，如图 9-114 所示的饮料包装，并具备良好的识别性和审美功能；文字的编排与包装的整体设计风格应和谐。

图 9-113　糖包装

图 9-114　饮料包装

9.3.2 茶叶包装设计

最终效果图

💗 **案例说明**

本例将制作一个效果如图 9-115 所示的茶叶包装。本例在制作过程中主要运用矩形工具、贝塞尔工具、图框精确剪裁、文本工具、渐变填充工具、交互式透明工具、自由扭曲工具等操作。

图 9-115 实例的最终效果

操作步骤：

➡ （1）新建一个空白页面，在属性栏中单击"横向"按钮▢，切换页面为横向；使用工具箱中的矩形工具▢绘制一个"对象大小"为 107×85 的矩形，在页面右侧调色板中的白色色块上单击，填充颜色为白色，效果如图 9-116 所示。

图 9-116 绘制矩形

➡ （2）在标准栏中单击"导入"按钮▣，分别导入房屋、树、桥素材，在页面中调整到合适的位置和大小，效果如图 9-117 所示。

图 9-117 导入素材

（3）使用工具箱中的贝塞尔工具 ，结合形状工具调整、绘制图形，如图9-118所示。

（4）单击工具箱中的"填充工具组"按钮 右下角的三角形符号，在弹出的隐藏工具组中单击"颜色"泊坞窗工具 ，打开"颜色"泊坞窗，设置"颜色"为暗红色（C：54；M：97；Y：99；K：42），单击"确定"按钮，填充颜色，并去掉轮廓，效果如图9-119所示。

图9-118　绘制图形

图9-119　填充颜色并去掉轮廓

（5）使用工具箱中的文本工具 输入文本"道"，然后选中文本，在属性栏中设置字体为"叶根友锋黑划"、字体大小为51.417pt、颜色为红色（C：42；M：100；Y：100；K：10），效果如图9-120所示。

（6）使用工具箱中的选择工具选中矩形，在属性栏中单击"轮廓宽度"右侧的下拉按钮，在弹出的列表框中选择"无"选项，去掉轮廓，本例的平面效果如图9-121所示。

图9-120　输入文本

图9-121　去掉轮廓

食品包装设计在包装设计中有着重要的位置。根据社会经济发展的水平，食品的包装既要符合卫生和科学营养要求，又要适应现代化的生活节奏。在设计时，要突出食品的色、香、味，从而引起消费者的购买欲；画面大小处理上讲究对比，视觉密度高，包装上的图形一般以写实性的摄影或插图风格来表现，强调消费者对产品的直接感受。

（7）使用工具箱中的矩形工具▢绘制一个"对象大小"为289×118的矩形，然后按F11键，弹出"渐变填充"对话框，设置"角度"为-90、"从"为灰色（C：52；M：40；Y：33；K：0）、"到"为灰色（C：47；M：36；Y：31；K：0），单击"确定"按钮，填充渐变色；使用同样的方法，绘制一个"对象大小"为289×37的矩形，并在页面右侧调色板中的60%灰色色块上单击，填充颜色为灰色，去掉轮廓，效果如图9-122所示。

图 9-122　绘制两个矩形

（8）框选两个矩形，执行"排列"→"顺序"→"到图层后面"命令，将两个矩形调到图层的最下方；使用工具箱中的钢笔工具♨绘制一个图形，在页面右侧调色板中的白色色块上单击，填充颜色为白色，并去掉轮廓，效果如图9-123所示。

图 9-123　绘制图形

（9）使用选择工具选择房屋图像，分别执行"编辑"→"复制"命令和"编辑"→"粘贴"命令，复制并粘贴房屋图像，在属性栏的"旋转角度"数值框 ◌.◌ 中输入40，按回车键，确认旋转操作，旋转房屋图像，并调整到合适的位置，效果如图9-124所示。

图 9-124　复制并旋转房屋图像

（10）执行"效果"→"图框精确剪裁"→"放置在容器中"命令，当鼠标指针呈黑色方向箭头形状➡时，在白色矩形上单击，将房屋图像放置在矩形容器内，效果如图9-125所示。

图 9-125　图框精确剪裁

 技巧点拨

包装上的文字包括商品名称、商品型号、厂家名称以及商品的性质、使用方法、说明文字、注意事项等，这些都是介绍商品、宣传商品不可缺少的重要部分。文字之间的编排与变化、字体的灵活使用，将发挥强大的宣传表现作用。

（11）执行"效果"→"图框精确剪裁"→"编辑内容"命令，进入编辑状态，选中房屋图像，然后选择工具箱中的自由变换工具 ❖，在属性栏中单击"自由扭曲工具"按钮 ⬚，在页面中的房屋图像上单击并拖曳至合适的位置，自由扭曲图像，如图 9-126 所示。

（12）在属性栏中单击"自由调节工具"按钮 ⬚，在页面中的房屋图像上单击并拖曳，自由调节图像，然后使用选择工具调整房屋图像的大小及位置，效果如图 9-127 所示。

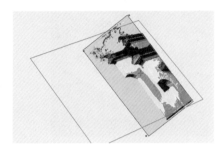
图 9-126　自由扭曲图像

图 9-127　自由调节图像

（13）执行"效果"→"图框精确剪裁"→"结束编辑"命令，结束编辑状态，效果如图 9-128 所示。

（14）使用同样的方法，复制、粘贴平面效果中的其他图像，并调整大小及位置，效果如图 9-129 所示。

图 9-128　结束编辑状态后的效果

图 9-129　复制、粘贴平面效果中的其他图像

（15）使用工具箱中的钢笔工具 ⬚ 绘制两个图形，如图 9-130 所示。

（16）选择工具箱中的填充工具，弹出"均匀填充"对话框，设置"颜色"为灰色（C：62；M：48；Y：40；K：0），单击"确定"按钮，进行渐变填充，并去掉轮廓，效果如图 9-131 所示。

图 9-130　绘制图

图 9-131　均匀填充图形

（17）使用钢笔工具 ⚪ 绘制一个图形，按 F11 键，弹出"渐变填充"对话框，设置"从"的颜色为灰蓝色（C：78；M：64；Y：56；K：11）、"到"的颜色为灰色（C：61；M：49；Y：43；K：0），单击"确定"按钮，渐变填充，并去掉轮廓，效果如图 9-132 所示。

（18）选择工具箱中的交互式透明工具 ⚪，在属性栏中设置"透明度类型"为"标准"、"开始透明度"为 22，添加透明效果，如图 9-133 所示。

图 9-132　绘制图像并渐变填充

图 9-133　添加透明效果

（19）使用同样的方法，使用钢笔工具绘制图形，并填充颜色，颜色分别为灰蓝色（C：86；M：73；Y：63；K：32）、灰色（C：64；M：52；Y：47；K：0），并为下方的图形添加不透明度（"透明度类型"为"标准"、"开始透明度"为 50），本例的立体效果如图 9-134 所示。

（20）使用工具箱中的选择工具框选所有茶叶包装的平面效果，移至合适的位置，效果如图 9-135 所示。

图 9-134　绘制其他图形

图 9-135　移动茶叶包装平面效果

（21）将鼠标指针移至控制框上方中间的黑色控制柄上，在按住 Ctrl 键的同时单击并向下拖曳，镜像复制茶叶包装平面效果，如图 9-136 所示。

（22）使用工具箱中的交互式透明工具 ⚪，在页面中镜像复制的茶叶包装平面效果的上方单击并向下拖曳，然后调整起始控制框和终点控制框至合适的位置，添加线性透明效果，本例的综合效果如图 9-137 所示。

图 9-136　镜像复制茶叶包装平面效果

图 9-137　本例的综合效果

9.3.3　酒包装设计

最终效果图

❤ 案例说明

　　本例将制作一个效果如图 9-138 所示的酒包装。本例在制作过程中主要运用矩形工具、渐变填充工具、椭圆形工具、图框精确剪裁、形状工具、文本工具等操作。

图 9-138　实例的最终效果

操作步骤：

　　➡（1）新建一个横向空白页面，使用工具箱中的矩形工具□绘制一个"对象大小"为 51×172 的矩形；选择工具箱中的渐变填充工具，弹出"渐变填充"对话框，设置"角度"为 91.6，选中"自定义"单选按钮，设置起点色块的颜色为灰色（C：0；M：0；Y：0；K：40）、位置 41%的颜色为浅灰色（C：0；M：0；Y：0；K：10）、终点色块的颜色为灰色（C：0；M：0；Y：0；K：40），单击"确定"按钮，渐变填充矩形，并去掉轮廓，效果如图 9-139 所示。

　　➡（2）使用矩形工具绘制一个"对象大小"为 95×172 的矩形，并填充渐变色，其中，"角度"为 270、起点色块的颜色为浅灰色（C：0；M：0；Y：0；K：15）、位置 17%的颜色为浅灰色（C：0；M：0；Y：0；K：5）、位置 33%为白色（C：4；M：3；Y：3；K：0）、位置 69%为浅灰色（C：0；M：0；Y：0；K：10）、终点色块的颜色为灰色（C：0；M：0；Y：0；K：30），并去掉轮廓，效果如图 9-140 所示。

图 9-139　绘制渐变矩形

图 9-140　绘制渐变矩形

（3）移动鼠标指针至右侧中间的控制柄上，在按住 Shift 键的同时单击并向左拖曳，然后右击，以中心缩小并复制矩形，在属性栏的"对象大小"水平数值框中输入34，效果如图 9-141 所示。

（4）双击状态栏右下角处渐变左侧的色块，弹出"渐变填充"对话框，设置"角度"为270，设置起点色块的颜色为蓝色（C：79；M：51；Y：5；K：0）、位置12%的颜色为浅灰蓝色（C：41；M：20；Y：20；K：0）、位置34%为浅灰蓝色（C：12；M：12；Y：0；K：0）、位置47%为浅蓝色（C：33；M：15；Y：0；K：0）、位置60%为蓝色（C：67；M：37；Y：0；K：0）、位置75%为蓝色（C：89；M：51；Y：0；K：0）、位置88%为蓝色（C：100；M：87；Y：27；K：0）、位置99%为普蓝色（C：100；M：100；Y：56；K：16）、终点色块为普蓝色（C：100；M：99；Y：58；K：34），单击"确定"按钮，更改渐变色，并去掉轮廓，效果如图9-142所示。

图 9-141　以中心缩小并复制矩形

图 9-142　更改渐变色

（5）选择工具箱中的椭圆形工具，在按住Ctrl键的同时单击并拖曳，绘制正圆；使用工具箱中的渐变填充工具填充渐变色，其中"角度"为-90，设置起点色块的颜色为蓝色（C：88；M：65；Y：1；K：0）、位置33%的颜色为蓝色（C：85；M：42；Y：5；K：0）、位置53%的颜色为蓝色（C：88；M：52；Y：6；K：0）、位置86%为深蓝色（C：100；M：91；Y：11；K：0）、终点色块为深蓝色（C：100；M：91；Y：8；K：0），并去掉轮廓，效果如图9-143所示。

（6）在标准栏中单击"导入"按钮，导入花纹素材，如图 9-144 所示。

图 9-143　绘制正圆　　　　图 9-144　导入花纹素材

（7）在花纹素材上右击并将其拖曳到小矩形上，释放鼠标，在弹出的快捷菜单中选择"图框精确剪裁内部"命令，将花纹图框精确剪裁至小矩形上；在页面中单击"编辑内容"按钮进入图框精确剪裁编辑状态，调整花纹素材至合适的位置，在页面中单击"停止编辑内容"按钮，完成图框精确剪裁编辑，效果如图 9-145 所示。

（8）使用同样的方法，导入花纹1素材，然后使用工具调整各图形至合适的位置，效果如图 9-146 所示。

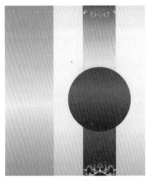 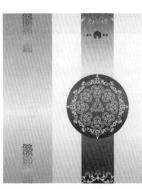

图 9-145　图框精确剪裁图形　　图 9-146　导入其他素材

（9）使用工具箱中的文本工具输入"御栖酒坊"，然后选中"酒坊"文本，在属性栏中设置字体为"叶根友锋黑划"、字体大小为 46pt；选中"御栖"文本，在属性栏中设置字体为"方正隶二繁体"、字体大小为 62pt，并单击"垂直文本"按钮，输入垂直文本，效果如图 9-147 所示。

（10）双击状态栏右下角的轮廓笔图标，弹出"轮廓笔"对话框，设置"宽度"为 1、"颜色"为白色，并选中"后台填充"复选框，单击"确定"按钮，给文本添加轮廓，效果如图 9-148 所示。

图 9-147　输入文本　　　图 9-148　添加轮廓

（11）使用工具箱中的形状工具，在各文本左下方的白色矩形框中单击并拖曳至合适的位置，调整文本的位置，效果如图 9-149 所示。

（12）使用文本工具输入其他文本，并设置字体、字体大小、颜色、位置、方向等，效果如图 9-150 所示。

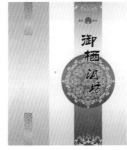 

图 9-149　调整文本位置　　　图 9-150　输入其他文本

（13）使用工具箱中的钢笔工具，结合 Shift 键，绘制两条直线，本例的最终效果如图 9-151 所示。

读者可以参照 9.3.2 节中制作包装的立体效果的方法制作出酒包装的立体效果，如图 9-152 所示。

图 9-151　本例的效果　　　图 9-152　酒包装的立体效果

 一般来讲，白酒包装设计可分为中低档、高档、极品 (珍藏或纪念) 酒包装盒。其中中低档次的酒盒包装，中低档酒通指价格比较实惠的白酒，在进行中低档酒包装设计时，由于要考虑成本因素，使其在包装材料、制作工艺等方面都会受到限制，因此对包装的表现力会有一定的影响。

9.4　插画设计

插画是一种最通俗的艺术形式，是视觉的艺术，它作为当代信息传播的载体之一应用于人们的生活，也作为现代设计的一种重要的视觉传达形式广泛地应用于众多领域，其以直观的形象性、真实的生活感和美的感染力，在现代设计中占有一席之地，已成为公众喜闻乐见的媒体形式。

9.4.1 插画设计基础知识

人们把插画定义为对文字的放大、说明、装饰、阐明、点缀、提高和扩展，插画不只是对文字的解释，它可能具有隐喻性，同时是文字的间接对应物。

随着艺术的日益商品化和新的绘画材料及工具的出现，插画艺术进入商业化时代。现代插画的概念已远远超出了传统规定的范畴，现在它的内涵更加广泛，商业性也更鲜明，它贯穿于广告画、商品说明书、企业样本设计等所有印刷媒体中。

1 . 插画设计的 3 大分类

从插画的功能属性上可将插画分为书籍插画、商业插画、个性插画。

● 书籍插画：书籍插画是为了书籍封面、版面、正文而创作的。按书籍的类别进行划分可大致分为文学艺术类书籍（如图 9-153 所示）、科学技术类书籍（社会科学和自然科学）、科普类书籍（如图 9-154 所示）等。

图 9-153　文学艺术类书籍　　　　　　　　　图 9-154　科普类书籍

● 商业插画：商业插画以传达商业信息为主要目的，它包括一切与商业活动有关的插画，如广告画（如图 9-155 所示）、商品说明书、企业样本设计（如图 9-156 所示）等，具有从属性与制约性，艺术表现必须服从于图形、图表等文字以外的一切视觉化形式，以达到设计所需要的效果。

图 9-155　广告画　　　　　　　　　　　　图 9-156　企业样本设计

● 个性插画：个性插画处于文化与商业之间，既有文化性又有商业性，如影视插画（如图 9-157 所示）、服装插画、公益事业广告插画（如图 9-158 所示）、体育插画等。

图 9-157　影视插画　　　　图 9-158　公益事业广告插画

2．插画设计的表现手法

在激烈的商战之中推销商品，要吸引消费者的注意力，同时使其欣然接受插画所传达的信息，在设计中将表现出设计师独特的主张、独特的视角、阐释、艺术手法，使插画产生吸引力，让观众产生兴趣，从而达到传递信息的最终目的。插画设计的表现手法如下。

- 直接展示：直接展示是指将内容直接、不加掩饰地展示出来，具有真实、可信、直观的特点，这一表现手法充分利用摄影或绘画的表现能力，细致刻画和着力渲染产品的形态、色彩、质地，在商品包装（如图 9-159 所示的美容茶包装）、产品介绍中最常用。

- 矛盾对立：对比是一种趋向于对立冲突的表现手法，它将作品所描述事物的性质和特点放在鲜明的对照和直接对比中来表现，如图 9-160 所示的手机广告。

图 9-159　直接展示

图 9-160　矛盾对立

- 合理夸张：夸张是借助想象，以现实生活为依据，对被描绘对象的某种物质进行夸大处理（如图 9-161 所示的创意插画），加深扩大这些物质的艺术手法。

- 引用联想：引用联想即设计师凭借想象力，利用事物之间的相似点，通过独特的表现手法创造第二自然，揭示美的真谛，如图 9-162 所示的个性插画。

图 9-161　合理夸张

图 9-162　引用联想

- 感情渲染：感情渲染是指通过对环境或景物的描写来烘托形象，加强主体的艺术效果，增强商业插画的形象性和感染力，如图 9-163 所示的超市插画广告。

图 9-163　感情渲染

9.4.2 风景插画设计

最终效果图

❤ **案例说明**

　　本例将制作一个效果如图9-164所示的风景插画。本例在制作过程中主要运用矩形工具、渐变填充工具、贝塞尔工具、交互式透明工具、三点椭圆形工具等操作。

图9-164　实例的最终效果

操作步骤：

➡（1）使用工具箱中的矩形工具□绘制一个"对象大小"为203×101的矩形，然后选择工具箱中的渐变填充工具，弹出"渐变填充"对话框，设置"角度"为90、"边界"为36、"从"为白色、"到"为青色（R：130；G：204；B：255），单击"确定"按钮，渐变填充矩形，效果如图9-165所示，并去掉轮廓。

➡（2）使用工具箱中的贝塞尔工具 ✎ 绘制两个房子图形，然后选择工具箱中的填充工具，弹出"均匀填充"对话框，设置颜色为灰青色（R：111；G：174；B：255），单击"确定"按钮，填充矩形，并去掉轮廓；选择工具箱中的交互式透明工具，在属性栏中设置"透明度类型"为"标准"、"开始透明度"和"结束透明度"分别为67和72，效果如图9-166所示。

图9-165　绘制矩形并渐变填充

图9-166　绘制房子图形并均匀填充

 技巧点拨

　　现代插画的概念已远远超出了传统规定的范畴，现在它的内涵更加广泛，商业性也更鲜明，它贯穿于广告画、商品说明书、企业样本设计等所有印刷媒体中。

➡（3）使用工具箱中的矩形工具□绘制不同大小的矩形，并填充颜色为白色，去掉轮廓，效果如图9-167所示。

图9-167　绘制多个矩形

（4）使用工具箱中的贝塞尔工具绘制图形，然后选择工具箱中的渐变填充工具，弹出"渐变填充"对话框，设置"角度"为90、"边界"为28，选中"自定义"单选按钮，设置起点色块的颜色为绿色（R：68；G：176；B：0）、位置62%的颜色为嫩绿色（R：153；G：204；B：51）、终点色块的颜色为黄绿色（R：157；G：214；B：52），单击"确定"按钮，进行渐变填充，并去掉轮廓，效果如图9-168所示。

图 9-168　绘制图形并渐变填充

（5）使用工具箱中的贝塞尔工具绘制图形，然后选择工具箱中的填充工具，填充颜色为绿色（R：50；G：125；B：0），并去掉轮廓，效果如图9-169所示。

（6）使用工具箱中的交互式透明工具，在属性栏中设置"透明度类型"为"标准"、"开始透明度"为70，添加透明效果，如图9-170所示。

图 9-169　绘制图形

图 9-170　添加透明效果

（7）使用同样的方法，使用贝塞尔工具绘制树和落叶，并填充相应的颜色，再使用交互式透明工具添加不同的透明效果，如图9-171所示。

（8）使用贝塞尔工具绘制树叶图形，并使用渐变填充工具填充渐变，其中，"角度"为147.6、"边界"为15、起点色块和位置1%的颜色为深绿色（R：32；G：145；B：0）、位置97%和终点色块的颜色为嫩绿色（R：111；G：204；B：0），去掉轮廓，效果如图9-172所示。

图 9-171　绘制树

图 9-172　绘制树叶

（9）使用贝塞尔工具绘制另一半树叶图形，并使用渐变填充工具填充渐变色，其中，"角度"为90、"边界"为25、起点色块的颜色为绿色（R：45；G：186；B：0）、位置98%和终点色块的颜色为嫩绿色（R：129；G：214；B：60），去掉轮廓，效果如图9-173所示。

图 9-173　绘制另一半树叶图形

（10）使用同样的方法，绘制其他树叶，并填充相应的颜色，效果如图 9-174 所示。

图 9-174　绘制其他树叶

（11）使用工具箱中的三点椭圆形工具 ，在按住 Ctrl 键的同时单击并拖曳至合适的位置，绘制正圆，填充颜色为白色，并去掉轮廓，然后用同样的方法绘制不同大小的正圆，效果如图 9-175 所示。

（12）使用工具箱中的矩形工具绘制 5 个矩形，填充白色并去掉轮廓，效果如图 9-176 所示。

图 9-175　绘制多个正圆

图 9-176　绘制 5 个矩形

（13）使用工具箱中的矩形工具制作两个矩形，如图 9-177 所示。

（14）使用工具箱中的选择工具单击刚绘制的小矩形，在按住 Shift 键的同时单击刚绘制的大矩形，加选矩形，在属性栏中单击"前减后"按钮进行前减后操作，并填充颜色为白色，去掉轮廓，本例的最终效果如图 9-178 所示。

图 9-177　绘制两个矩形

图 9-178　本例的最终效果

9.5　VI 设计

　　VI 即 Visual Identity，通常译为视觉识别系统，它是 CIS 系统最具传播力和感染力的部分，是将 CI 的非可视内容转化为静态的视觉识别符号，以无比丰富的多样的应用形式，在最广泛的层面上进行最直接的传播。

9.5.1 VI 设计基础知识

下面介绍 VI 设计基础知识，包括 CI 概念、VI 设计的作用和原则。

1．CI 的概念

企业形象识别系统 CI 是 Corporate Identity 的英文缩写，是企业（或一个机构）为塑造自身的形象建立起来的整体传达沟通系统，通过这种系统设计将企业经营理念、企业文化传递出去，体现企业的个性和精神，加强企业与社会的双向沟通，使公众产生认同感和价值观，从而形成良好的企业形象和促销产品的设计系统。

CI 内涵丰富的系统由 3 个子系统组成，即视觉识别（Visual Identity）、理念识别（Mind Identity）、行为识别（Behavior Identity），分别简称为 VI、MI、BI，如图 9-179 所示。

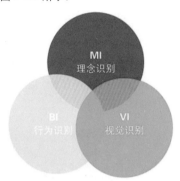

图 9-179 企业识别构成图

（1）VI 是品牌识别的视觉化，通过组织形象标志（或品牌标志）、标志组合、组织环境和对外媒体向大众充分展示、传达品牌个性，如图 9-180 所示。VI 包括基础要素和应用要素两大部分。基础要素包括或品牌名称、品牌标志、标准字、标准色、辅助色、辅助图形、标志的标准组合、标志的标语组合、吉祥物等；应用要素包括办公事务用品、公关关系赠品、标志符号指示系统、员工服装、活动展示、品牌广告、交通工具等。

图 9-180 VI 是品牌识别的视觉化

（2）MI 是指组织思想的整合化，通过组织的价值准则、文化观念、经营目标等向大众传达组织独特的思想。

（3）BI 是企业思想的行为化，通过企业思想指导员工对内对外的各种行为，以及企业的各种生产经营活动，传达企业的管理特色。

2．VI 设计的作用

随着社会的现代化、工业化、自动化，加速了优化组合的进程，其规模不断扩大，组织机构日趋繁杂，产品快速更新，市场竞争也变得更加激烈。另外，各种媒体急速膨胀，传播途径多种多样，受众面对大量繁杂的信息，变得无所适从。企业比以往任何时候都需要统一的、集中的 VI 设计传播，个性和身份的识别因此显得尤为重要。

VI 设计能够使企业的形象高度统一，使企业的视觉传播资源充分利用，达到最理想的品牌传播效果。一个优秀的 VI 设计对一个企业的作用在于以下 4 点：

（1）在明显地将该企业与其他企业区分开来的同时，又确立企业明显的行业特征或其他重要特征，确保该企业在经济活动当中的独立性和不可替代性，明确该企业的市场定位，属企业的无形资产的一个重要组成部分。

（2）传达该企业的经营理念和企业文化，以形象的视觉形式宣传企业。

（3）以自己特有的视觉符号系统吸引公众的注意力并产生记忆，使消费者对该企业所提供的产品或服务产生最高的品牌忠诚度。

（4）提高企业的士气，以及该企业员工对企业的认同感。

3．VI 设计的原则

要达成同一性，实现 VI 设计的标准化导向，必须采用简化、统一、系列、组合、通用等手法对企业形象进行综合的整理。

● 简化：对设计内容进行提炼，使组织系统在满足推广需要的前提下尽可能条理清晰、层次简明、优化系统结构。例如 VI 系统中，构成元素的组合结构必须化繁为简，有利于标准的施行，如图 9-181 所示。

● 统一：为了使信息传递具有一致性和便于社会大众接受，应该把品牌和企业形象不统一的因素加以调整。品牌、企业名称、商标名称应尽可能统一，给人以唯一的视听印象，图 9-182 所示。

图 9-181　简化原则　　　　　　　　　　　　　　图 9-182　统一原则

● 组合：将设计的基本要素组合成通用性较强的单元，例如在 VI 基础系统中，将标志、标准字或象征图形、企业造型等组合成不同的形式单元，可灵活地运用于不同的应用系统，也可以规定一些禁止组合规范，以保证传播的同一性，如图 9-183 所示。

● 通用：指设计上必须具有良好的适合性。例如标志不会因缩小、放大产生视觉上的偏差，线条之间的比例必须适当，如果太密，缩小后就会并为一片，要保证大到户外广告，小到名片均有良好的识别效果，如图 9-184 所示。

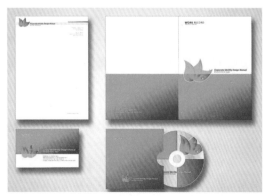

图 9-183　组合原则　　　　　　　　　　　　　　图 9-184　通用原则

9.5.2　鼎翰文化公司 VI 设计——名片

最终效果图

❤案例说明

　　本例将制作一个效果如图 9-185 所示的名片。本例在制作过程中主要运用矩形工具、椭圆形工具、贝塞尔工具、文本工具等操作。

图 9-185　实例的最终效果

操作步骤：

　　➡（1）使用工具箱中的矩形工具▢绘制一个"对象大小"为 50×90 的矩形，然后在页面右侧调色板中的白色色块上单击，填充矩形，效果如图 9-186 所示。

　　➡（2）使用工具箱中的椭圆形工具◯，结合 Ctrl 键，绘制一个"对象大小"为 14×14 的正圆，并在页面右侧调色板中的白色色块上右击，去掉颜色，效果如图 9-187 所示。

图 9-186　绘制矩形　　　　图 9-187　绘制正圆

　　➡（3）在页面右侧调色板中的 60% 色块上右击，更改轮廓颜色，并在属性栏中设置"轮廓宽度"为 1.5，效果如图 9-188 所示。

　　➡（4）在按住 Shift 键的同时，移动鼠标指针至右上角的控制柄上，当鼠标指针呈✖ 形状时，单击并向内拖曳，然后右击，等比例缩小并复制正圆，在属性栏中设置"轮廓宽度"为 1.2，更改轮廓，效果如图 9-189 所示。

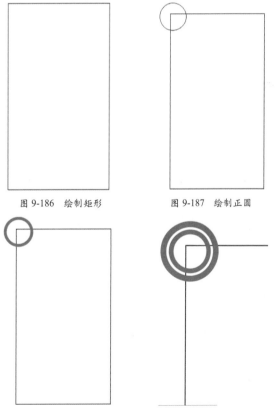

图 9-188　更改轮廓颜色和宽度　　图 9-189　等比例缩小并复制正圆轮廓

（5）使用同样的方法，等比例缩小并复制正圆轮廓，更改"轮廓宽度"为1，效果如图 9-190 所示。

（6）按空格键切换至选择工具，框选 3 个正圆轮廓，移动鼠标指针至控制框内，单击并拖曳至合适的位置，然后右击，移动并复制框选的正圆，缩小正圆，并依次选择相应的正圆轮廓，设置"轮廓宽度"分别为0.6、0.5、0.4，效果如图 9-191 所示。

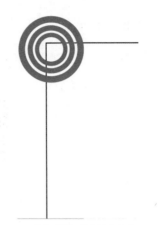
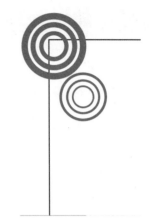

图 9-190　等比例缩小并
复制正圆轮廓

图 9-191　移动并复制框选的
正圆轮廓

名片设计包括两个方面的要点，一是基本的内容元素要完整，主要有企业标志（LOGO）、企业名称、姓名、职位、联系方式等；二是名片的视觉设计风格，要与企业的行业特点和企业文化协调呼应，在表现出设计美观的同时，也能让观众在看了之后容易记住。

（7）使用同样的方法，移动并复制其他的正圆轮廓，并更改轮廓宽度和颜色，效果如图 9-192 所示。

（8）框选所有正圆，执行"排列"→"群组"命令，群组所有框选的正圆轮廓，执行"效果"→"图框精确剪裁"→"放置在容器内"命令，当鼠标指针呈箭头形状 ➡ 时，单击页面中的矩形，将群组对象精确剪裁到矩形内，效果如图 9-193 所示。

图 9-192　移动并复制其他的正圆　　图 9-193　群组并创建精确剪裁对象

（9）执行"效果"→"图框精确剪裁"→"编辑内容"命令，进入精确剪裁编辑状态，调整群组对象的位置，然后执行"效果"→"图框精确剪裁"→"结束编辑"命令，完成精确剪裁编辑，效果如图 9-194 所示。

（10）使用工具箱中的贝塞尔工具，在矩形的左下角绘制一个三角形状，并在页面右侧调色板中的红色色块上单击，填充颜色为红色，然后在"无"图标上右击，去掉轮廓，效果如图 9-195 所示。

图 9-194　精确剪裁后的效果　　　图 9-195　绘制三角形

➡（11）执行"文件"→"导入"命令，导入本书配套素材中的鼎翰文化标志 1，如图 9-196 所示。

➡（12）在属性栏中设置"旋转角度"为 45°，按回车键确认旋转操作，并调整至页面的合适位置，效果如图 9-197 所示。

图 9-196　导入鼎翰文化标志 1　　图 9-197　旋转并缩放标志

➡（13）执行"效果"→"图框精确剪裁"→"放置在容器内"命令，将刚导入的标志精确剪裁于矩形内，然后执行"效果"→"图框精确剪裁"→"编辑内容"命令，调整标志的位置，执行"效果"→"图框精确剪裁"→"结束编辑"命令，完成精确剪裁编辑，效果如图 9-198 所示。

➡（14）使用工具箱中的文本工具输入文本"成都鼎翰文化传播有限公司"，然后选中文本，在属性栏中设置"旋转角度"为 45°、字体为"方正大黑简体"、字体大小为 8.5pt，效果如图 9-199 所示。

图 9-198　精确剪裁对象　　　图 9-199　输入文本

技巧点拨

在设计名片时，其版面设计力求简明，忌过分复杂和无序。在名片的版面设计中，要主题突出、构思完整、有一个最佳视域区和注目的焦点。

➡（15）使用同样的方法，输入其他文本，并设置旋转角度、字体、大小、位置等，效果如图 9-200 所示。

➡（16）使用工具箱中的选择工具选中矩形，并在页面右侧调色板中的"无"图标上右击，去掉轮廓，本例最终效果如图 9-201 所示。

图 9-200　去掉轮廓　　　图 9-201　本例最终效果

读者可以在该实例的基础上删除相应对象，制作出竖排名片的背面，然后导入背景图像，变换名片的正面和背面，添加阴影效果，制作出名片的综合效果，如图 9-202 所示。

图 9-202　本例综合效果

9.5.3　鼎翰文化公司 VI 设计——信封

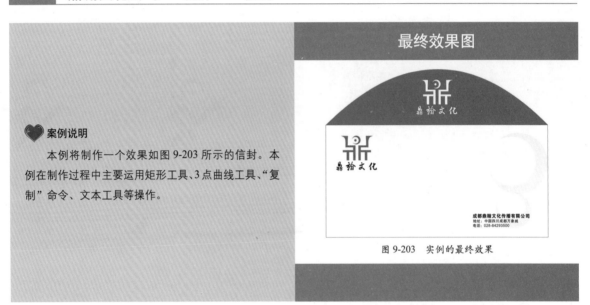

最终效果图

案例说明

　　本例将制作一个效果如图 9-203 所示的信封。本例在制作过程中主要运用矩形工具、3 点曲线工具、"复制"命令、文本工具等操作。

图 9-203　实例的最终效果

操作步骤：

　　➡（1）使用工具箱中的矩形工具▢绘制一个"对象大小"为 203×100 的矩形，然后在页面右侧调色板中的白色色块上单击，填充矩形，并在红色色块上右击，更改轮廓颜色，效果如图 9-204 所示。

　　➡（2）使用工具箱中的三点曲线工具✐在刚绘制的矩形左上角处单击并拖曳至右上角，释放鼠标，接着向上拖曳鼠标至合适的位置，创建曲线弧度，如图 9-205 所示，再单击确认绘制的曲线。

图 9-204　绘制矩形

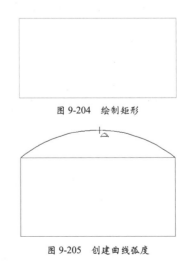

图 9-205　创建曲线弧度

➡（3）使用同样的方法，在刚绘制的矩形左上角单击并拖曳至右上角，然后单击绘制直线，如图 9-206 所示。

➡（4）在页面右侧调色板的红色色块上单击，填充颜色，并在"无"图标⊠上右击，去掉轮廓，效果如图 9-207 所示。

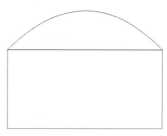

图 9-206　绘制直线

图 9-207　填充颜色

➡（5）执行"文件"→"打开"命令，打开本书配套素材中的鼎翰文化标志 1，如图 9-208 所示。

➡（6）使用工具箱中的选择工具框选标志图形，并移至信封窗口中，调整标志的大小及位置，效果如图 9-209 所示。

图 9-208　鼎翰文化标志 1

图 9-209　放置标志

➡（7）框选标志素材 2，移动鼠标指针至控制框中右击并拖曳至合适的位置，释放鼠标，在弹出的快捷菜单中选择"复制"命令，在页面右侧调色板中的白色色块上分别单击鼠标左键和右键，更改填充颜色和轮廓颜色，效果如图 9-210 所示。

➡（8）选中标志顶部的半月形，使用同样的方法，复制半月形，然后填充颜色为10% 灰，并调整大小及位置，效果如图 9-211所示。

图 9-210　复制标志素材 2

图 9-211　复制半月形

（9）使用工具箱中的交互式透明工具，在属性栏中设置"透明度类型"为"标准"、"开始透明度"为 50，添加透明效果，如图 9-212 所示。

（10）使用选择工具复制半月形，并调整至合适的大小及位置，效果如图 9-213 所示。

图 9-212　添加透明效果

图 9-213　复制半月形

（11）使用工具箱中的文本工具输入相应的文字，并设置字体、字号、颜色和位置，本例的最终效果如图 9-214 所示。

鼎翰文化

鼎翰文化

成都鼎翰文化传播有限公司
地址：中国四川成都万象城
电话：028-84293500

图 9-214　本例的最终效果

9.5.4　鼎翰文化公司 VI 设计——雨伞

最终效果图

案例说明

本例将制作一个效果如图 9-215 所示的雨伞。本例在制作过程中主要运用贝塞尔工具、"再制"命令等操作。

图 9-215　实例的最终效果

操作步骤:

➡（1）使用工具箱中的贝塞尔工具绘制图形，如图 9-216 所示。

➡（2）在属性栏中设置"轮廓宽度"为 0.25，在页面右侧调色板中的白色色块上单击，填充颜色白色，并在 30% 色块上右击，更改轮廓颜色为灰色，效果如图 9-217 所示。

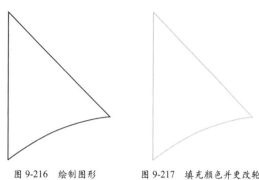

图 9-216　绘制图形　　　图 9-217　填充颜色并更改轮廓

➡（3）在图形的中心处单击，进入旋转状态，拖曳中心点至左上角处，如图 9-218 所示，改变中心位置。

➡（4）将鼠标指针移至右下角处，单击并向上拖曳至刚绘制图形的右侧边界处，然后右击，旋转并复制图形，效果如图 9-219 所示。

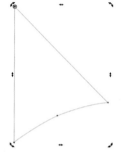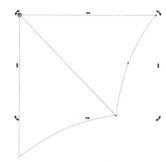

图 9-218　改变中心位置　　　图 9-219　旋转并复制图形

➡（5）执行 6 次"编辑"→"再制"命令，再制图形，效果如图 9-220 所示。

➡（6）使用选择工具，选中步骤 4 复制的图形，在页面右侧调色板中的红色色块上单击，更改颜色为红色，并在"无"图标上右击，去掉轮廓，效果如图 9-221 所示。

图 9-220　再制图形　　　图 9-221　更改颜色和去掉轮廓

 雨伞也是宣传企业形象的一种行之有效的方法，在空白面可以印刷企业标识、广告语或产品名称，伞的款式和广告设计形式根据实际需要而定。

➡（7）同样的方法，选中相应的图形，更改颜色为红色，并去掉轮廓，效果如图 9-222 所示。

➡（8）按 Ctrl ＋ I 组合键，导入本书配套素材中的鼎翰文化标志 1，调整到合适的大小及位置，效果如图 9-223 所示。

图 9-222　更改颜色　　　图 9-223　导入标志

（9）使用选择工具旋转并复制标志，然后调整到页面的合适位置，得到本例效果，如图 9-224 所示。

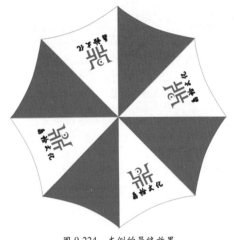

图 9-224　本例的最终效果

9.5.5　鼎翰文化公司 VI 设计——指示牌

案例说明

本例将制作一个效果如图 9-225 所示的指示牌。本例在制作过程中主要运用矩形工具、贝塞尔工具、椭圆形工具、"变换"泊坞窗、箭头形状工具、文本工具等操作。

图 9-225　实例的最终效果

操作步骤：

（1）使用工具箱中的矩形工具□绘制一个"对象大小"为 154×24 的矩形，在页面右侧调色板中的 10% 灰色色块上单击，填充矩形为浅灰色，并在"无"图标上右击，去掉轮廓，效果如图 9-226 所示。

图 9-226　绘制矩形

（2）执行"效果"→"转换为位图"命令，弹出"转换为位图"对话框，采用默认设置，单击"确定"按钮，将矢量图转换为位图；执行"效果"→"杂点"→"添加杂点"命令，弹出"添加杂点"对话框，设置"层次"为 89、"密度"为 91，如图 9-227 所示。

图 9-227　"添加杂点"对话框

（3）单击"确定"按钮，添加杂点，效果如图 9-228 所示。

（4）使用工具箱中的矩形工具绘制 3 个矩形，其颜色分别为 30% 浅灰色、60% 灰色、红色，效果如图 9-229 所示。

图 9-228　添加杂色

图 9-229　绘制 3 个矩形

（5）使用工具箱中的贝塞尔工具绘制一个图形，在页面右侧的调色板中单击 10% 灰色色块，填充颜色为浅灰色，并在"无"图标上右击，去掉轮廓，效果如图 9-230 所示。

（6）使用工具箱中的椭圆形工具，结合 Ctrl 键，绘制一个"对象大小"均为 76 的正圆，然后使用工具箱中的渐变填充工具，填充 40% 灰色到 10% 浅灰色的线性渐变，并去掉轮廓，效果如图 9-231 所示。

图 9-230　绘制图形　　　图 9-231　绘制正圆

在设计企业指示牌时，指示牌要以企业色和分布内容为主，企业标志、名称等要素安排在次要的位置，但要处理得当，不能显得可有可无。

257

（7）执行"排列"→"变换"→"大小"命令，打开"变换"泊坞窗中的"大小"面板，设置"水平"和"垂直"均为71，如图9-232所示。

（8）单击"应用"按钮，等比例缩小并复制正圆，效果如图9-233所示。

图 9-232　"大小"面板　　图 9-233　等比例缩小并复制正圆

（9）在页面右侧的调色板中单击红色色块，填充颜色为红色，效果如图9-234所示。

（10）使用工具箱中的箭头形状工具 📧，在页面中的合适位置单击并拖曳，绘制一个箭头，并用鼠标拖曳箭头上的红色菱形 ◆，调整箭头形状，然后填充颜色为红色，去掉轮廓，效果如图9-235所示。

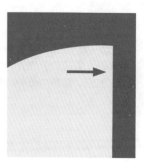

图 9-234　更改填充颜色　　图 9-235　绘制箭头

（11）按 Ctrl + I 组合键，导入本书配套素材中的鼎翰文化标志 2 和鼎翰文化标志 3，并调整到合适的大小及位置，效果如图9-236所示。

（12）使用工具箱中的文本工具输入文本"鼎翰文化传播有限公司"，然后选中文本，在属性栏中设置字体为"方正大标宋简体"、字体大小为8pt，效果如图9-237所示。

图 9-236　导入标志　　图 9-237　输入文本

（13）使用同样的方法，输入其他文字，并设置字体、字号、位置等，得到本例效果，如图9-238所示。

图 9-238　本例的最终效果

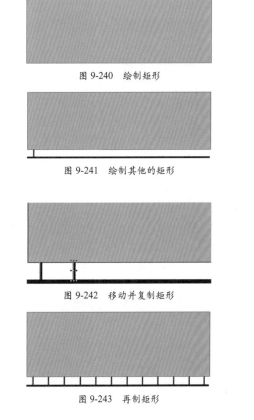

9.5.6 鼎翰文化公司 VI 设计——高立柱

最终效果图

鼎翰文化传播有限公司
Ding Han Wen Hua Chuan Bo You Xian Gong Si

图 9-239 实例的最终效果

案例说明

本例将制作一个效果如图 9-239 所示的高立柱。本例在制作过程中主要运用矩形工具、渐变填充工具、文本工具等操作。

操作步骤：

➡（1）使用工具箱中的矩形工具▣绘制一个"对象大小"为 151×51 的矩形，然后在页面右侧调色板中的 40% 灰色色块上单击，填充矩形为浅灰色，效果如图 9-240 所示。

➡（2）使用同样的方法，绘制 3 个不同大小的矩形，颜色分别为黑色、黑色和 40% 灰色，并对相应的矩形去掉轮廓，效果如图 9-241 所示。

图 9-240 绘制矩形

图 9-241 绘制其他的矩形

➡（3）使用工具箱中的选择工具框选刚绘制的两个小矩形，在按住 Shift 键的同时将其向右拖曳至合适的位置，然后右击，移动并复制矩形，效果如图 9-242 所示。

➡（4）按 Ctrl ＋ D 组合键，再制矩形，效果如图 9-243 所示。

图 9-242 移动并复制矩形

图 9-243 再制矩形

(5) 框选除大矩形以外的所有矩形，在按住 Shift 键的同时向上拖曳至合适的位置，然后右击，移动并复制矩形，效果如图 9-244 所示。

(6) 使用工具箱中的矩形工具绘制一个矩形，然后选择工具箱中的渐变填充工具，在弹出的"渐变填充"对话框中，选中"自定义"按钮，设置起点色块的颜色为黑色（C：0；M：0；Y：0；K：100）、位置 29%为灰色（C：0；M：0；Y：0；K：50）、位置 51%为白色（C：0；M：0；Y：0；K：0）、位置 77%为灰色（C：0；M：0；Y：0；K：70）、终点色块的颜色为黑色（C：0；M：0；Y：0；K：100），单击"确定"按钮，渐变填充，并去掉轮廓，效果如图 9-245 所示。

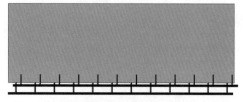

图 9-244　复制矩形

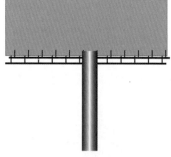

图 9-245　绘制矩形并渐变填充

(7) 使用矩形工具绘制一个白色的矩形，效果如图 9-246 所示。

(8) 执行"文件"→"导入"命令，导入本书配套素材中的风景插画和鼎翰文化标志 4，调整图像大小并放到页面中合适的位置，效果如图 9-247 所示 .。

图 9-246　绘制白色矩形

图 9-247　导入风景插画和标志素材

(9) 使用工具箱中的文本工具输入文本"鼎翰文化传播有限公司"，然后选中文本，在属性栏中设置字体为"方正大黑简体"、字号为 21pt、颜色为白色，效果如图 9-248 所示。

图 9-248　输入文本

（10）使用同样的方法，输入其他文本，并设置字体、字号、位置、颜色等，得到本例的最终效果，如图 9-249 所示。

图 9-249　本例的最终效果

技巧点拨　在进行高立柱广告设计时要注意文字之间的间距不能太小，若间距太小，从远处看文字将会连在一起，不易识别；要尽量避免使用过粗或过细的字体，从远处看，过粗的字体容易变得模糊并连成一团，而过细的字体又可能看不清；应尽量使用简单的字体，连笔或粗细不均的字体都会影响阅读；若有英文，尽量不要全部都使用大写，使用大小写混合的方式排列，从远处较容易看懂。

9.6 服装设计

服装设计是科学技术和艺术的搭配焦点，涉及美学、文化学、心理学、材料学、工程学、市场学、色彩学等要素。服装设计过程即根据设计对象的要求进行构思，并绘制出效果图、平面图，再根据图纸进行制作，从而完成设计的全过程。

9.6.1 服装设计基础知识

服装设计的构思是一种十分活跃的思维活动，构思通常要经过一段时间的思想酝酿逐渐形成，也可能由某一方面的触发激起灵感而突然产生，如自然界的花草虫鱼、高山流水、历史古迹、文艺领域的绘画雕塑、舞蹈音乐以及民族风情等社会生活中的一切，都可以给设计者无穷的灵感来源。

1. 服装设计的 3 大要素

服装设计的 3 大要素分别是款式、面料和色彩，下面分别进行介绍。

● 款式：服装的款式是服装的外部轮廓造型和部件细节造型，是设计变化的基础。外部轮廓造型由服装的长度和围度（即肥度）构成，包括腰线、衣裙长度、肩部宽窄、下摆松度等要素。最常见的轮廓造型有 A 形（如图 9-250 所示）、X 形、T 形、S 形、H 形（如图 9-251 所示）、O 形等。服装的外部轮廓造型形成了服装的线条，并直接决定了款式的流行与否。部件细节的造型是指领型、袖型、口袋、裁剪结构、衣褶、拉链、扣子的设计。

图 9-250　婚纱

图 9-251　个性套装

- 面料：不同质地、肌理的面料完美搭
配，更能显现设计师的艺术功底和品
位。服装款式上的各种造型并不仅仅
表现在设计图纸上，而是用各种不同
的面料和裁剪技术共同达成的，只有
熟练地掌握和运用面料设计才会得心
应手。在设计前首先要体会面料的厚
薄、软硬、光滑粗涩、立体平面之间
的差异，通过面料不同的悬垂感、光
泽感、清透感、厚重感和不同的弹
力、垂感等来体会其间风格和品牌的
迥异，并在设计中加以灵活运用，如
图 9-252 所示的服装。

图 9-252　不同面料的服装

- 色彩：服装的色彩变化是设计中最醒
目的部分。服装的色彩最容易表达设
计情怀，同时易于被消费者接受。例
如火热的红（如图 9-253 所示）、沉
静的蓝（如图 9-254 所示）、圣洁的
白、平实的灰、坚硬的黑，服装的每
一种色彩都有着丰富的情感表征，给
人以丰富的联想。除此之外，色彩还
有轻重、强弱、冷暖和软硬之感等。
当然，色彩还可以让我们在味觉和嗅
觉上浮想联翩。

图 9-253　火热的红色连衣裙　　　　图 9-254　沉静的蓝色连衣裙

　　服装的款式、色彩和面料这 3 个部分缺一不可，是设计师必须掌握的基础知识。对款式、色彩、面料基础知识的掌握和运用也在一定程度上反映出一个设计师的审美情趣、品位和艺术功底。

2．服装设计的 3 大形式美法则

　　形式美法则是所有设计学科共同的课题。在日常生活中，美是每一个人都追求的精神享受。形式美是客观和外在形式审美的一般法则，多用于说明造型艺术中的形象和构图方面的问题。从一种心理的"力"的假设来立论，各视觉"力"包括它的作用力、夺目力、感召力等，形式法则的合理运用将会给人以美的享受，其服装给人的视觉冲击力取决于设计师对形式法则的理解运用。

- 平衡：平衡又称均衡，指的是两边等质等量所形成的比例给人一种平衡感，而服装设计更倾向于视觉效果，即整体或部分在量感和动感作用下产生的稳定形式，如图 9-255 所示。
- 韵律：韵律又称节奏、旋律，是指有规律地重复出现的线条（如图 9-256 所示）、色彩或装饰等变化的美学法则，分为反复、阶层、流线和放射 4 种，有连续、渐变、交错和起伏等表现形式，起到画龙点睛、突出重点的美学法则。
- 比例：比例是指设计中不同部位之间的相互配比关系，如上衣和下装的面积比，连衣裙腰线的上下长度比（如图 9-257 所示）、肩宽与衣摆的宽度比，色彩、材料、装饰的分配面积比例和服装各部位所占的体积比等，其中黄金比例是设计中经常用到的配比。

图 9-255 平衡

图 9-256 韵律

图 9-257 比例

9.6.2 时尚女装设计

最终效果图

♥ 案例说明

　　本例将制作一个效果如图 9-258 所示的女装。本例在制作过程中主要运用贝塞尔工具、轮廓笔工具、交互式透明工具、交互式阴影工具等操作。

图 9-258 实例的最终效果

操作步骤：

➡（1）使用工具箱中的贝塞尔工具绘制裙子的轮廓，如图 9-259 所示。

➡（2）选择工具箱中的填充工具 ，弹出"均匀填充"对话框，设置"颜色"为青蓝色（C：100；M：56；Y：64；K：13），单击"确定"按钮，均匀填充图形；选择工具箱中的轮廓工具 ，在弹出的下拉列表中选择"无"选项 ，去掉轮廓，效果如图 9-260 所示。

图 9-259 裙子的轮廓

图 9-260 填充颜色并去掉轮廓

（3）使用贝塞尔工具绘制衣领，并在页面右侧的调色板中单击白色色块，填充颜色为白色，然后去掉轮廓，效果如图9-261所示。

（4）使用贝塞尔工具绘制腰带和皱褶，并填充颜色为青色（C：78；M：19；Y：11；K：0）和黑色，然后去掉轮廓，效果如图9-262所示。

图9-261　绘制衣领

图9-262　绘制腰带和皱褶

（5）使用工具箱中的选择工具选中右侧的黑色皱褶，然后选择工具箱中的交互式透明工具，在属性栏中设置"透明度类型"为"标准"、"开始透明度"为84，添加透明效果，如图9-263所示。

（6）使用同样的方法，分别从右向左选中黑色皱褶，添加标准透明度，其中，"开始透明度"依次为84、100、84，效果如图9-264所示。

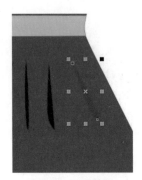

图9-263　透明效果

图9-264　透明效果

（7）选中右侧的黑色皱褶，使用工具箱中的交互式阴影工具在黑色皱褶上单击并拖曳，添加阴影效果，如图9-265所示。

（8）使用同样的方法，分别从右向左选中黑色皱褶，添加阴影效果，可以在属性栏中设置阴影的不透明度和阴影羽化，效果如图9-266所示。

图9-265　添加阴影效果

图9-266　阴影效果

技巧点拨　　　在进行服装设计时，有秩序、分层次地配置多个色彩，使色彩分为多个等级，或明度上由浅至深，或明度上由纯至浊，或色相上由红到蓝，或面积上由大至小，这样的色彩效果活泼且富有节奏，秩序性很强，给人以强烈的韵律美。

（9）使用贝塞尔工具绘制曲线，并结合形状工具调整曲线；在状态栏的右下角双击"轮廓笔"图标，弹出"轮廓笔"对话框，设置"宽度"为 1、"颜色"为青蓝色（C：100；M：56；Y：64；K：15），单击"确定"按钮，添加轮廓效果，得到本例效果，如图 9-267 所示。

图 9-267　本例的最终效果

在进行服装设计时，要运用各种服装知识、剪裁及缝纫技巧等，考虑艺术及经济等因素，再加上设计者的学识及个人主观观点，设计出实用、美观且合乎穿者的衣服，使穿者充分显示自身的优点并隐藏缺点，更衬托出穿者的个性。

9.7 举一反三

1．VIP 卡设计

练习 VIP 的设计，最终效果如图 9-268 所示。本例首先利用矩形工具、"图框精确剪裁"命令等制作 VIP 卡的图形部分，然后利用文本工具制作 VIP 的文字部分。

图 9-268　VIP 卡设计

2．商业插画设计

练习商业插画的设计，最终效果如图 9-269 所示。本例首先利用矩形工具、渐变填充工具、贝塞尔工具等制作商业插画的背景，然后利用文本工具、渐变填充工具制作商业插画的文字部分。

图 9-269　商业插画设计

3．红酒 DM 单设计

练习 DM 单的设计，最终效果如图 9-270 所示。本例首先利用矩形工具、渐变填充工具、"导入"命令、"图框精确剪裁"命令等制作 DM 单的图形部分，然后利用文本工具制作 DM 单的文字部分。

4．奶粉包装设计

练习奶粉包装的设计，最终效果如图 9-271 所示。本例首先利用矩形工具、"导入"命令、渐变填充工具、"图框精确剪裁"命令、文本工具等制作奶粉包装的平面效果，然后利用贝塞尔工具、渐变填充工具和"图框精确剪裁"命令等制作奶粉包装的立体效果。

图 9-270　红酒 DM 单设计　　　　　　　　图 9-271　奶粉包装设计

5．可爱童装设计

练习可爱童装的设计，最终效果如图 9-272 所示。本例首先利用贝塞尔工具、星形工具、"图框精确剪裁"命令等制作可爱童装的图形部分，然后利用文本工具制作可爱童装的文字部分。

图 9-272　可爱童装设计